电工技术新起点丛书

农电工操作技能入门

（第2版）

乔长君　姜延国　编

国防工业出版社

·北京·

内 容 简 介

本书共分 8 章,包括农电工基础、异步电动机、变压器、常用高低压电器、10kV以下架空线路、室内配线、农村用电设备安装、电能测量与安全用电。全书内容翔实,图文并茂,具有先进性、系统性和较高的实用价值。

本书适合具有初中以上文化程度、初学农电工的人员阅读,也可作为农电专业人员的参考书,还可作为职业技术院校相关专业的辅助教材。

图书在版编目(CIP)数据

农电工操作技能入门/乔长君,姜延国编. —2 版.
—北京:国防工业出版社,2017.4
(农工技术新起点丛书)
ISBN 978 - 7 - 118 - 11060 - 9

Ⅰ.①农… Ⅱ.①乔…②姜… Ⅲ.①农村 - 电工 -
基本知识 Ⅳ.①TM

中国版本图书馆 CIP 数据核字(2017)第 115701 号

※

国防工业出版社出版发行
(北京市海淀区紫竹院南路 23 号 邮政编码 100048)
北京嘉恒彩色印刷有限责任公司
新华书店经售

*

开本 880×1230 1/32 印张 7½ 字数 230 千字
2017 年 4 月第 2 版第 1 次印刷 印数 1—2500 册 定价 29.00 元

(本书如有印装错误,我社负责调换)

国防书店:(010)88540777 发行邮购:(010)88540776
发行传真:(010)88540755 发行业务:(010)88540717

前　言

　　"电工技术新起点"丛书自出版以来,深受广大读者喜爱,多次重印。但也有读者联系我们,指出丛书中的不足,提出修改建议。这些建议对于改进我们的工作,出版更加通俗易懂,易于读者接受和理解的好书是大有裨益的。

　　根据读者的建议,我们本着新颖、实用、够用的原则,对整套丛书进行了改进和完善,用流行的照片或照片与剖视图对照的形式替换了原来的线条图,用时下流行的工艺替代了部分落后工艺,并删减了部分不实用章节。再版后的丛书仍然按工种分册,紧紧围绕工程必备技能,按操作步骤用图片逐步讲解,真正实现一看就懂、便于模仿的功能。

　　本丛书暂定为《电机修理入门》(第2版)、《电工识图入门》(第2版)、《农电工操作技能入门》(第2版)、《维修电工入门》、《安装电工入门》、《水电工入门》、《弧焊机维修入门》。以后还将根据读者需要陆续出版其他图书。

　　本书是《农电工操作技能入门》(第2版)。

　　本书从农电工基础知识开始,首先介绍农电工应该掌握的电工学基本知识,然后介绍农电常用异步电动机、变压器、高低压电器的选用、安装和维护,农村用电设备的选择与安装,最后介绍电能测量与安全用电。

　　本丛书主要编写人员有乔长君、姜延国、汪深平、杨恩惠、朱家敏、于蕾、武振忠、杨春林、乔正阳、罗利伟等。

　　由于编者水平有限,不足之处在所难免,敬请读者批评指正。

作　者

第1版前言

随着城乡一体化进程的不断加快,大批农村劳动力涌入城市,开始了择业、就业、开创美好新生活的步伐。学什么、做什么,怎样才能快捷掌握一门技术,并快速应用于生产实践,成为当务之急。为适应新形势的需要,在仔细调查研究基础上,我们精心组织编写了"电工技术新起点丛书"。

本丛书在编写时充分考虑了电工技术知识性、实践性和专业性都比较强的特点,选择了近年来中小型企业电工紧缺岗位从业人员必备的几个技能重点,以一个无专业基础的人零起步学习电工技术的角度,将初学电工的必备知识和技能进行归类、整理和提炼,用通俗的语言、大量的图片来讲解,剔除了一些实用性不强的理论阐述,以使初学者通过直观、快捷的方式学习电工技术,为今后进一步学习打下良好基础。

本丛书注重实际操作,突出实践,图、文、表相结合。其中涉及的器件或实际操作方法,大部分是根据实际情况现场拍摄的实物实景图或标准图改绘的线条图,方便读者的想象和理解。所有的一切都希望能帮助读者快速学习新知识,快速掌握新技术,学以致用。

本丛书旨在满足农村劳动力进城就业和社会上广大新工人学习和掌握电工基础知识和基本操作技能的需要,尽快提高操作人员的技术素质,从而增强企业的竞争力,促进农村劳动力转移、新生劳动力和转岗就业人员实现就业。

本丛书暂定为《电机修理入门》《维修电工入门》《安装电工入门》《水电工入门》《农电工操作技能入门》《弧焊机维修入门》《电工识图入门》。以后还将根据读者需要陆续出版其他图书。

本书是《农电工操作技能入门》。

本书从农电工基础知识开始,首先简单介绍了农电工应该掌握的电工学基本知识、电工识图知识、常用材料、常用工具,进而介绍了农电常用设备电动机、变压器、高低压电器的选用、安装、维护知识,农电线路、农村配线、农村照明的安装、运行和维护知识,农电计量和农电节约知识,最后介绍了农电服务规范和安全用电知识。

本书具有以下特点：

（1）实用性。本书从农电工应具备的基本知识开始，理论起点低，适合文化基础偏低人员学习。所选例图都来源于农电实际，也适合有一定基础的专业人员和工程技术人员使用。

（2）典型性。本书内容涵盖农电人员应掌握的全部理论知识、技能知识，所选例图涉及农电配电线路、低压电机控制线路等，都具有一定的代表性。

参与本书编写的还有张鸿峰、汪深平、杨恩惠、申玉有、朱家敏、于蕾、武振忠、杨春林等。全书由张永吉审核。

由于编者水平有限，不足之处在所难免，敬请读者批评指正。

作　者

目　　录

第1章　农电工基础

1.1　电工学基本知识

1.1.1　电与磁

1. 电流的磁场

在电流的周围存在着磁场,这种现象称为电流的磁效应。通电导体周围产生的磁场方向可以用安培定则来判断。

直导线周围磁场的方向由右手安培定则判定:用右手握住通电导体,让拇指指向电流方向,则弯曲四指的指向就是直导线周围的磁场方向,如图 1-1所示。

螺旋管内部磁场的方向由右手螺旋定则判定:用右手握住通电线圈,让弯曲四指指向线圈电流方向,则拇指所指方向就是线圈内部的磁场方向,如图 1-2 所示。

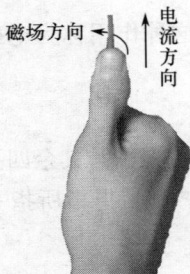

图 1-1　安培定则　　　　　　　图 1-2　右手螺旋定则

应该注意的是,如果导线中流入的是直流电,那么导线周围的磁场方向是固定不变的;如果导线中流入的是交流电,则磁场大小和方向将随电流方向的变化而变化。

2. 电磁感应

当穿过闭合回路所包围的面积中的磁通量发生变化时,回路中就会产

1

生电流,这种现象叫电磁感应现象。回路中所产生的电流叫感应电流。另一种现象是:当闭合回路中的一段导线在磁场中运动,并切割磁力线时,导体中也会产生电流。

直线导体与磁场相对运动而产生的感应电动势 e 的大小与导体切割磁力线的速度 v、导体的长度 L 和导体所处的磁感应强度 B 有关,若导体运动方向与磁力线之间的夹角为 α,则感应电动势为

$$e = BLv\sin\alpha$$

直线导体感应电动势的方向可用右手定则来判定:伸开右手,让拇指与其余四指垂直并在一个平面内,使磁力线穿过掌心,拇指指向切割磁力线的运动方向,四指的指向就是感应电动势的方向,如图 1-3 所示。

线圈中磁通变化而产生的感应电动势 e 的大小与穿过线圈的磁通变化率有关,若线圈的匝数为 N,则感应电动势为

$$e = \left| N\frac{\Delta\Phi}{\Delta t} \right|$$

线圈中感应电动势的方向由楞次定律来判定:感应电流产生的磁通总是阻碍原磁通的变化。也就是说,当线圈中的磁通增大时,感应电流产生的磁通与原磁通方向相反。而当线圈中的磁通减少时,感应电流产生的磁通与原磁通方向相同。

3. 磁场对电流的作用

处在磁场中的通电导体会受到力的作用,这种作用称为电磁力。用字母 F 表示,即

$$F = BIL\sin\alpha$$

电磁力的方向由左手定则判定:伸开左手,让拇指与其余四指垂直并在同一平面内,让磁力线穿过手心,四指指向电流方向,拇指所指方向就是通电导体所受到的电磁力的方向,如图 1-4 所示。

1.1.2 单相电路

1. 电路

电流通过的路径,称为电路。一个完整的电路由电源、负载、输电导线和控制设备组成,如图 1-5 所示。对电源来讲,负载、输电导线和控制设备等称为外电路。电源内部的一段称为内电路。

电路的工作状态分为通路、断(开)路和短路 3 种,如图 1-6 所示。

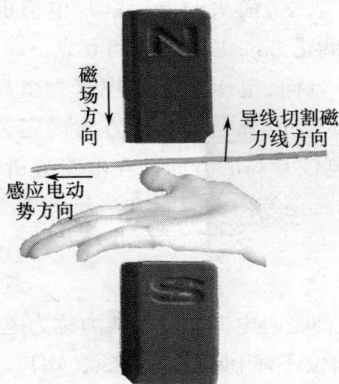

图 1 - 3　右手定则

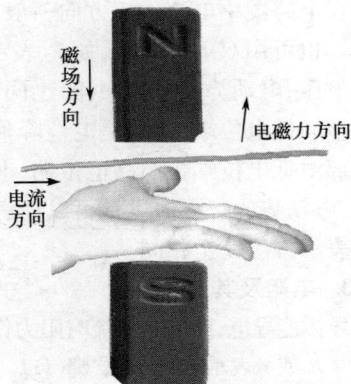

图 1 - 4　左手定则

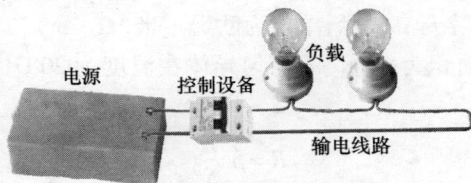

图 1 - 5　电路组成

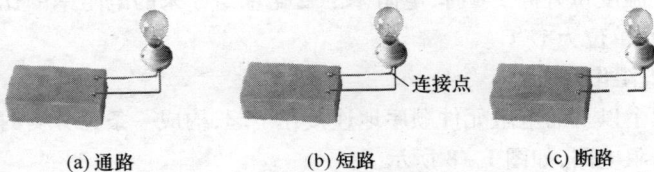

(a) 通路　　　　　(b) 短路　　　　　(c) 断路

图 1 - 6　电路 3 种状态

2. 正方向

习惯上,规定正电荷运动的方向(即负电荷运动的反向)为电流的方向,如图 1 - 7 所示。但在分析较为复杂的电路时往往难以事先判断某支路中电流的实际方向,为此,常可任意假设一个方向作为电流的正方向,或者称为参考方向。当电流的实际方向与其正方向一致时,则电流为正值。当电流的实际方向与其正方向相反时,则电流为负值。

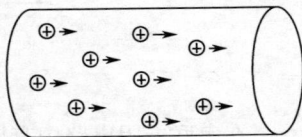

图 1 - 7　电流的方向

3

在电路图中电流的正方向一般用箭头表示,箭头的方向就是电流的正方向。也可用双下标表示,如 I_{ab} 表示电流的正方向由 a 点指向 b 点。

电压、电动势和电流一样,也同样具有方向,电压的方向规定为由高电位端指向低电位端,也就是电位降低的方向。电源电动势的方向规定为电源内部由低电位端指向高电位端,也就是电位升高的方向。在电路分析中,电压、电动势的正方向也是可以任意规定的,正方向的表示方法与电流的正方向表示方法完全相同。

3. 电阻及其连接

导体能导电,同时对电流有阻力作用,这种阻碍电流通过的能力称为电阻,用字母 R 或 r 表示,单位为欧姆(Ω)。常用单位还有千欧($k\Omega$)、兆欧($M\Omega$)。

当温度一定时导体的电阻不仅与它的长度和横截面积有关,而且与导体材料自身的电阻率有关,电阻率又称电阻系数,是衡量物体导电性能好坏的一个物理量,用字母 ρ 表示,单位为欧姆·米($\Omega \cdot m$)。其数值是指导体的长度为 1m、截面积为 $1mm^2$ 的均匀导体在温度为 20℃ 时所具有的电阻值,可见

$$R = \rho \frac{L}{S}$$

表示物质的电阻率随温度而变化的物理量,称为电阻的温度系数。其数值等于温度每升高 1℃ 时,电阻率的变化量与原来的电阻率的比值,用字母 d 表示,单位为 1/℃。

1)电阻串联

将两个以上的电阻元件顺序地连接在一起,构成一条无分支的电路,称为串联电阻电路,如图 1-8 所示。

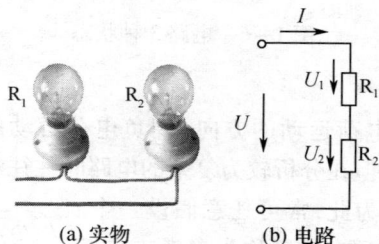

(a) 实物　　　　(b) 电路

图 1-8　串联电阻电路

在串联电阻电路中有以下特点:

(1)串联电阻电路中的等效电阻等于各个串联电阻之和,即

4

$$R = R_1 + R_2$$

（2）串联电阻电路中流过每个电阻的电流都是相等的，并且等于总电流，即

$$I = I_1 = I_2$$

（3）串联电阻电路的总电压等于各个串联电阻两端电压之和，即

$$U = U_1 + U_2$$

（4）串联电阻电路中的各个电阻上所分配的电压与各自的电阻值成正比，即

$$\frac{U}{R} = \frac{U_1}{R_1} = \frac{U_2}{R_2}$$

2）电阻并联

将两个以上的电阻元件都连接在两个共同端点之间，构成一条多分支的电路，称为并联电阻电路，如图 1-9 所示。

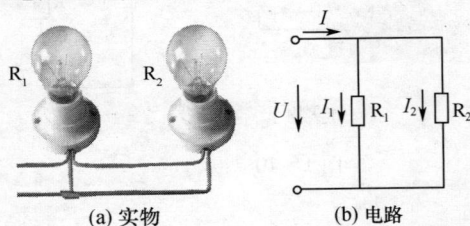

(a) 实物   (b) 电路

图 1-9　并联电阻电路

在串联电阻电路中有以下特点。

（1）并联电阻电路中各个电阻两端的电压都是相等的，并且等于总电压，即

$$U = U_1 = U_2$$

（2）并联电阻电路的总电流等于各个并联电阻两端电流之和，即

$$I = I_1 + I_2$$

（3）并联电阻电路中的等效电阻的倒数等于各个并联电阻的倒数之和，即

$$\frac{1}{R} = \frac{1}{R_1} + \frac{1}{R_2}$$

（4）并联电阻电路中的各个电阻上所分配的电流与各自的电阻值成反比，即

$$IR = I_1R_1 = I_2R_2$$

4. 欧姆定律

如图 1 – 10 所示,在一段电路中,流过该段的电流与电路两端的电压成正比,与该段电路的电阻成反比。表示为

$$I = \frac{U}{R}$$

欧姆定律是不含电源的电路情况,在实际工作中电源 E 的内电阻 r_0 有时不可忽略,这时欧姆定律可以写为

$$I = \frac{E}{R + r_0}$$

这个公式称为全电路欧姆定律。

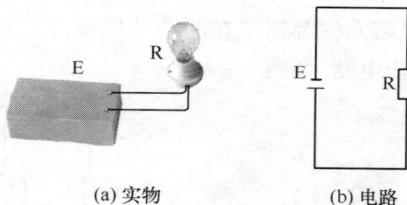

(a) 实物   (b) 电路

图 1 – 10   欧姆定律

5. 电感

当交流电流流过图 1 – 11 所示线圈时,交变的电流将在线圈中产生变化的磁场,这一变化的磁场同时又在线圈自身产生感应电动势,这一现象称为自感现象。

穿过线圈的磁通与产生磁通的电流之间的比值,称为线圈的自感系数,简称自感。用字母 L 表示,单位为亨利(H)。

当两个线圈相互靠近,其中一个线圈的电流变化,引起穿过另一个线圈所包围的磁通量跟着变化,而在另一个线圈中产生感应电动势的现象,称为互感现象。由第一个线圈的电流所产生而与第二个线圈

图 1 – 11   电感器

相关联的磁通,同该电流的比值,称为第一个线圈对第二个线圈的互感系数,简称互感。用字母 M 表示,单位为 H。

通常把自感和互感统称为电感。

当电感线圈两端加上交流电压时,就有交流电流通过,电感线圈中将产

6

生自感电动势,从而阻碍电流的变化,所以电感线圈中交流电流的变化总是滞后交流电压的变化。电感阻碍交流电流通过的这种作用称为感抗。用字母 X_L 表示,单位为 Ω,即

$$X_L = 2\pi fL$$

交流负载中只有电感的交流电路称为纯电感电路。纯电感电路中,加在电感上的交流电压超前流过电感的电流90°,并且它们之间的关系在数值上也满足欧姆定律。

6. 电容器

电容器是存储电荷的容器。由用绝缘介质隔开而又相互邻近的两块金属板或金属片构成,如图1-12所示。电容器存储电荷的能力用电容量来表示,简称电容。用字母 C 表示,单位为法拉(F),实际应用中还有微法(μF)和皮法(pF)。

图1-12　电容器

电容阻碍交流电流通过的作用称为容抗。用字母 X_C 表示,单位为 Ω,即

$$X_C = \frac{1}{2\pi fC}$$

交流负载中只有电容的交流电路称为纯电容电路。纯电容电路中,加在电容上的交流电压滞后流过电容的电流90°,并且它们之间的关系在数值上也满足欧姆定律。

感抗与容抗之和称为电抗。电阻与电抗之和称为阻抗。用字母 Z 表示,即

$$Z = \sqrt{R^2 + \left(2\pi fL - \frac{1}{2\pi fC}\right)^2}$$

1.1.3　单相交流电

1. 正弦交流电的概念

交流电的大小和方向都是随时间变化的,把按正弦规律变化的交流电称为正弦交流电,如图1-13所示。通常所说的交流电都是指正弦交流电。

交流电流在1s内电流方向改变的次数称为频率,用字母 f 表示,单位为赫兹(Hz)。我国工频交流电的频率为50Hz。

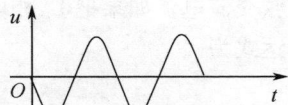

图1-13　正弦交流电

如果某一交流电流 i 通过一个纯电阻 R,在一个周期内,所发出的热量与某一直流电流 I 在同一电阻内所发出的热量相等时(也就是两者发热效应等效),则这个直流电流的数值就是该交流电流的有效值。用大写字母表示。

电压、电流、电动势在一个周期内的最大瞬时值叫最大值或振幅值。用大写字母表示,下标为 m。最大值是有效值的 $\sqrt{2}$ 倍。

正弦交流电可以用正弦函数表示。例如,电压 $u = U_m \sin(\omega t + \psi)$,其中:$\omega$ 为圆频率,$\omega = 2\pi f$;ψ 为初相角。

频率为基波频率倍数的一种正弦波,叫谐波。非正弦波可以看作是一系列谐波之和。

2. 单相电功与电功率

电流通过用电器所做的功,叫电功。用 W 表示,单位为焦耳(J)。常用的单位还有千瓦时(kW·h),也就是常说的度,1 kW·h = 3.6 × 10^{6}J。

单位时间内电流通过用电器所做的功,叫电功率。

单位时间内电流通过纯电阻负载所做的功,叫有功功率。用 P 表示,单位为 kW,即

$$P = \frac{W}{t} = UI$$

交流电通过阻抗性负载时并不完全用来做有用功,把这时电流与电压的乘积称为视在功率,用 S 表示,$S = UI$。这时的有功功率可以表示为 $P = UI\cos\varphi$,φ 为电阻与电抗之间的夹角。$\cos\varphi$ 称为功率因数。把 $UI\sin\varphi$ 称为无功功率,用 Q 表示,单位为乏(var)。

能量在转换或传递的过程中总要消耗一部分,即输出小于输入,输出能量与输入能量的比值叫作效率,用字母 η 表示。

1.1.4 三相对称正弦交流电路

1. 三相对称正弦交流电的概念

3 个电压、频率相同而相位依次相差 120°的电源系统,称为三相对称正弦交流电。如果把 L$_1$ 相电压初相定义为 0,则三相对称正弦电压的函数表达式为

$$u_1 = U_m \sin\omega t$$

$$u_2 = U_m \sin(\omega t - 120°)$$

$$u_3 = U_m \sin(\omega t + 120°)$$

3 个相电压达到最大值的次序称为相序。按 $L_1 \rightarrow L_2 \rightarrow L_3 \rightarrow L_1$ 的次序循环下去称为顺序(正序),按 $L_1 \rightarrow L_3 \rightarrow L_2 \rightarrow L_1$ 的次序循环下去称为逆序(反序)。一般不加说明均认为采用顺序(正序)。

2. 三相电路的连接

把 3 个电器的末端连接在一起而形成的连接方法,称为星接(Y 接),末端的共同点称为星点。而把 3 个电器的每个首端分别与另一个的末端连接在一起而形成的连接方法,称为角接(△接)。

三相发电机通常采用 Y 接。三相绕组始端 U_1、V_1、W_1 的引出线称为端线,俗称火线,中点 N 的引出线称为中性线。地面上电站常将中性线接地(零电位点),所以也称零线,俗称地线。把有中性线的三相供电线路体系称为三相四线制。把不引出中性线的三相供电线路体系称为三相三线制。每相端线与中性线之间的电压称为相电压。一般用 U_1、U_2、U_3 或 U_P 表示,其方向规定为三相绕组的始端指向末端。任意两根端线之间的电压称为线电压。一般用 U_{12}、U_{23}、U_{31} 或 U_L 表示,其方向由下标得出。

3. 三相负载的参数

1) Y 形连接

如图 1 – 14 所示,此时相与线的关系为

$$U_L = \sqrt{3}\,U_P$$

$$I_L = I_P$$

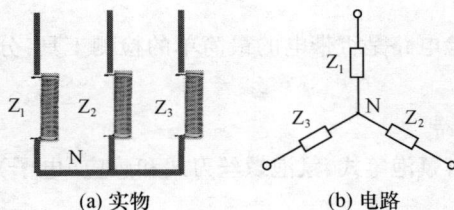

(a) 实物   (b) 电路

图 1 – 14 三相电路星形连接

2) △形连接

如图 1 – 15 所示。此时相与线的关系为

$$U_L = U_P$$

$$I_L = \sqrt{3}\,I_P$$

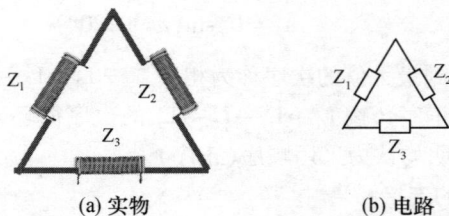

(a) 实物　　　　　　(b) 电路

图 1-15　三相电路角形连接

3）三相电功率

视在功率为

$$S = \sqrt{3}\,U_{\mathrm{L}}I_{\mathrm{L}}$$

有功功率为

$$P = \sqrt{3}\,U_{\mathrm{L}}I_{\mathrm{L}}\cos\varphi$$

式中：φ 为电阻与电抗之间的夹角；$\cos\varphi$ 为功率因数。

无功功率为

$$P = \sqrt{3}\,U_{\mathrm{L}}I_{\mathrm{L}}\sin\varphi$$

1.2　常　用　工　具

1.2.1　通用工具

1. 验电器

验电器是检验电路是否带电的最简单的检测工具，分为低压验电器和高压验电器两种。

1）低压验电器

简称电笔。有氖泡笔式、氖泡螺丝刀式和感应（电子）笔式等。其外形如图 1-16 所示。

（1）氖泡螺丝刀式验电器的使用方法。中指和食指夹住验电器，大拇指压住手触极，触电极接触被测点，氖泡发光说明有电、不发光说明没电，如图 1-17（a）所示。

（2）感应（电子）笔式验电器的使用方法。中指和食指夹住验电器、大拇指压住验电测试键，触电极接触被测点，指示灯发光并有显示说明有电、指示灯不发光说明没电，如图 1-17（b）所示。

10

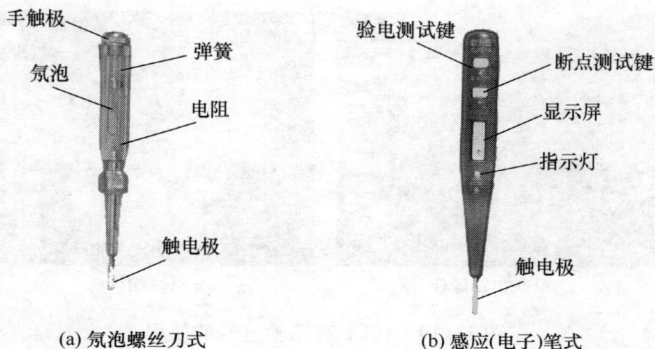

(a) 氖泡螺丝刀式　　　　　(b) 感应(电子)笔式

图 1 - 16　常用验电器

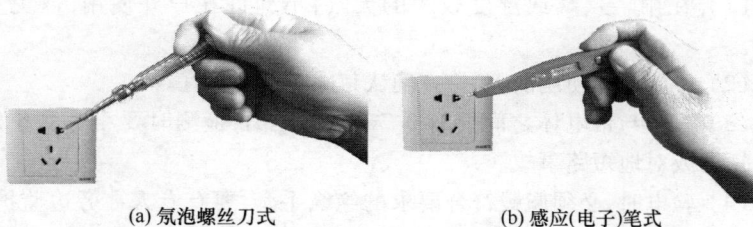

(a) 氖泡螺丝刀式　　　　　(b) 感应(电子)笔式

图 1 - 17　验电器的使用

（3）使用注意事项：

① 氖泡式验电器使用时应注意手指不要靠近笔的触电极，以免通过触电极与带电体接触造成触电。

② 在使用低压验电器时还要注意检验电路的电压等级，只有在 500V 以下的电路中才可以使用低压验电器。

2）高压验电器

高压验电器又称高压测电器，其外形如图 1 - 18 所示。10kV 高压验电器由金属钩、氖管、氖管窗、探针（钩）、护环和握柄等组成。

图 1 - 18　10kV 高压验电器

使用时先按下测试钮，确认验电器完好后手握住护环，用金属钩钩住带电体，有电时氖管发光并发出语音提示，如图 1 - 19 所示。

11

(a) 拉出绝缘杆   (b) 测试

图 1-19   10kV 高压验电器的使用

使用时应注意以下事项：

（1）在雨、雪、雾或湿度较大的天气，不允许在户外使用，以免发生危险。

（2）验电器在使用前，要检查确认其性能是否良好。

（3）人体与带电体之间要有 0.7m 以上距离，检测时要小心防止发生相间短路或对地短路事故。

（4）验电时，必须佩戴符合要求的绝缘手套，要有专人在旁边监护，切不可单独操作。

2. 螺丝刀

螺丝刀又称改锥、起子，是一种旋紧或松开螺钉的工具，如图 1-20 所示。按照头部形状可分为一字形和十字形两种。

使用时用手握住手柄，刀头插入螺钉头部，用力拧就可拧上（或拧下）螺丝钉，如图 1-21 所示。

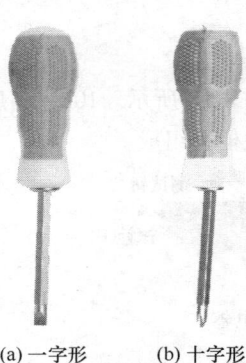

(a) 一字形   (b) 十字形

图 1-20   常用螺丝刀   图 1-21   螺丝刀使用方法

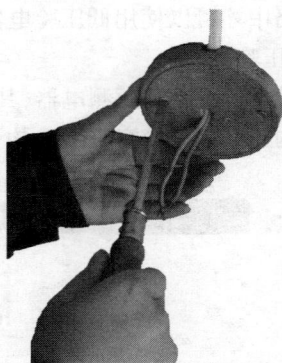

12

使用时应注意以下事项：

（1）电工不可使用金属杆直通柄顶的螺丝刀；否则易造成触电事故。为了避免螺丝刀的金属杆触及皮肤或临近带电体，应在金属杆上穿套绝缘管。

（2）使用螺丝刀紧固或拆卸带电的螺钉时，手不得触及螺丝刀的金属杆，以免发生触电事故。

3. 钳子

钳子可分为钢丝钳（克丝钳）、尖嘴钳、圆嘴钳、斜嘴钳（偏口钳）、剥线钳等多种。几种钳子的外形如图1-22所示。

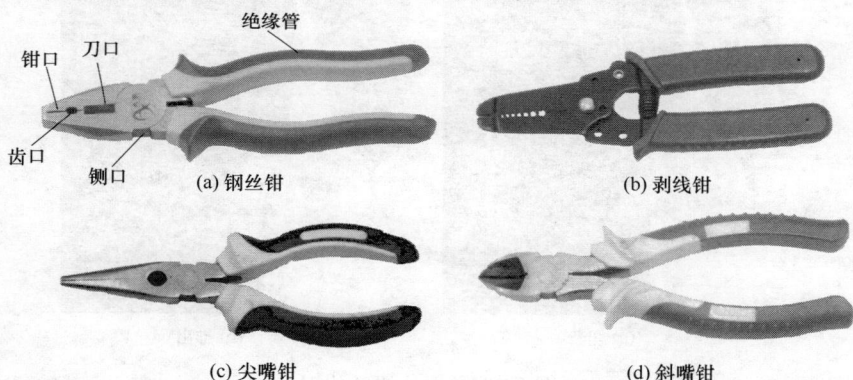

(a) 钢丝钳 (b) 剥线钳

(c) 尖嘴钳 (d) 斜嘴钳

图1-22　钳子

1）圆嘴钳和尖嘴钳

圆嘴钳主要用于将导线弯成标准的圆环，常用于导线与接线螺钉的连接作业中，用圆嘴钳不同的部位可做出不同直径的圆环。尖嘴钳则主要用于夹持或弯折较小、较细的元件或金属丝等，特别是较适用于狭窄区域的作业。

2）钢丝钳

钢丝钳可用于夹持或弯折薄片形、圆柱形金属件及切断金属丝。对于较粗较硬的金属丝，可用其轧口切断。使用钢丝钳（包括其他钳子）不要用力过猛；否则有可能将其手柄压断。

3）斜嘴钳

斜嘴钳主要用于切断较细的导线，特别适用于清除接线后多余的线头和飞刺等。

4）剥线钳

剥线钳是剥离较细绝缘导线绝缘外皮的专用工具，一般适用于线径在 0.6~2.2mm 的塑料和橡皮绝缘导线。其主要优点是不伤导线、切口整齐、方便快捷。使用时应注意选择其铡口大小应与被剥导线线径相当，若小则会损伤导线。

剥削绝缘层的使用方法：打开销子，选择合适的刀口，并将导线放入刀口，压下钳柄使钳子在导线上转一圈。左手大拇指向外推钳头、右手压住钳柄并向外拔，绝缘层就随剥线钳一起脱离导线，如图 1-23 所示。

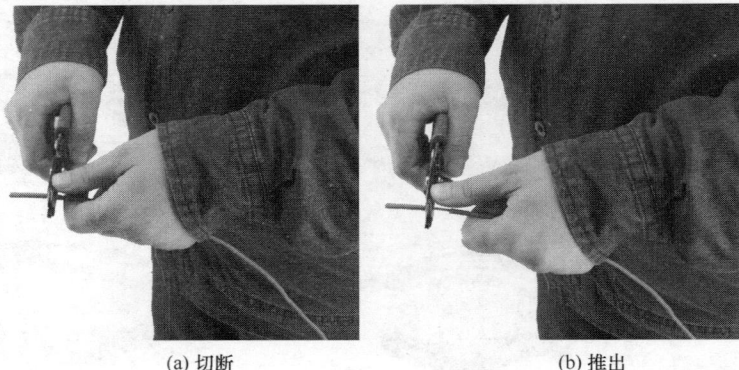

(a) 切断　　　　　　　　　　　　　　(b) 推出

图 1-23　剥线钳的使用

4. 电工刀

电工刀是用来剖削电线外皮和切割电工器材的常用工具，其外形如图 1-24 所示。

图 1-24　常用电工刀

剥削绝缘层时将电工刀以近于 90°切入绝缘层，然后以 45°沿绝缘层向外推削至绝缘层端部，最后将剩余绝缘层折回切掉，如图 1-25 所示。

使用时应注意以下事项。

（1）使用电工刀时应注意避免伤手，不得传递未折进刀柄的电工刀。

（2）电工刀用毕，随时将刀身折进刀柄。

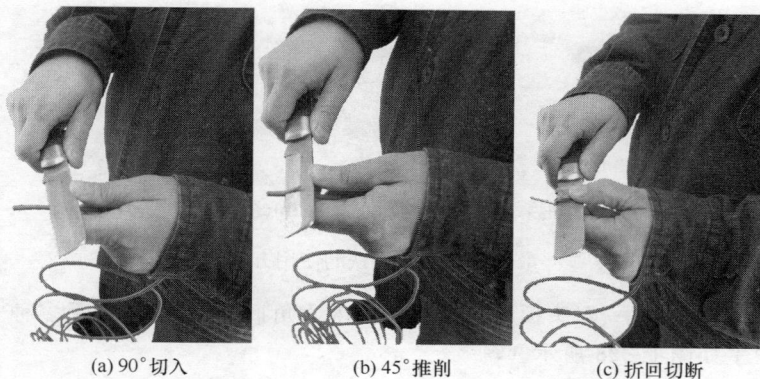

(a) 90°切入　　　　　　(b) 45°推削　　　　　　(c) 折回切断

图 1 – 25　电工刀的使用

（3）电工刀刀柄无绝缘保护，不能带电作业，以免触电。

5. 电烙铁

外形如图 1 – 26 所示。电烙铁的规格是以其消耗的电功率来表示的，通常在 20 ~ 500W 之间。一般在焊接较细的电线时用 50W 左右的；焊接铜板等板材时可选用 300W 以上的电烙铁。

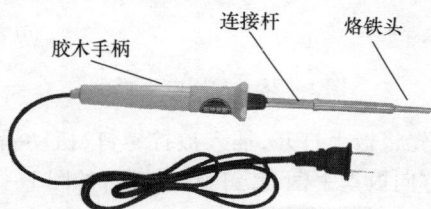

胶木手柄　　连接杆　　烙铁头

图 1 – 26　电烙铁外形

电烙铁用于锡焊时在焊接表面必须涂焊剂，才能进行焊接。常用的焊剂中，松香液适用于铜及铜合金焊件，焊锡膏适用于小焊件。氯化锌溶液可用于薄钢板焊件。

使用时将导线绝缘层剥除后，涂上焊剂，用电烙铁头给镀锡部位加热待焊剂熔化后，将焊锡丝放在电烙铁头上与导线一起加热，待焊锡丝熔化后再慢慢送入焊锡丝，直到焊锡灌满导线为止，如图 1 – 27 所示。

6. 扳手

扳手又称扳子，分活扳手和死扳手（呆扳手或傻扳手）两大类，死扳

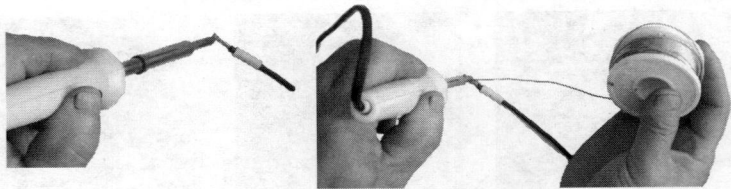

(a) 给导线加热　　　　　　　　(b) 送入焊锡丝

图 1－27　电烙铁的使用方法

手又分单头扳手、双头扳手、梅花扳手、内六角扳手、外六角扳手多种。常用扳手如图 1－28 所示。

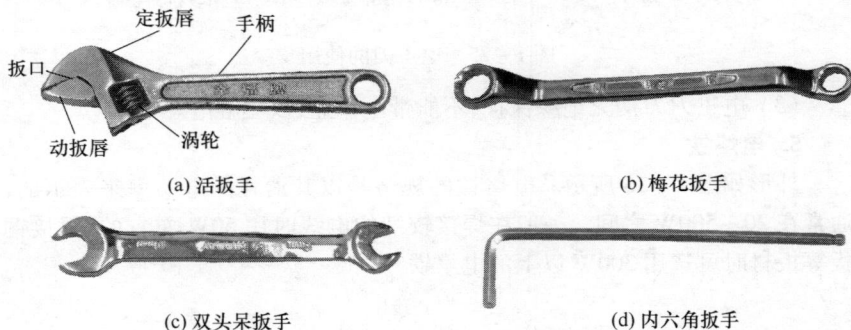

(a) 活扳手　　　　　　　　　　(b) 梅花扳手

(c) 双头呆扳手　　　　　　　　(d) 内六角扳手

图 1－28　常用电工扳手

使用活扳手时先将扳手打开,插入被拧螺钉,扭动涡轮靠紧螺钉,然后按住涡轮,顺时针方向扳动手柄,螺钉就被拧紧,如图 1－29 所示。

(a) 插入　　　　　　　　　　　(b) 拧动

图 1－29　活扳手的使用

使用死扳手最应注意的是扳手口径应与被旋螺母(或螺母、螺杆等)的规格尺寸一致,对外六角螺母、螺帽等,小是不能用,大则容易损坏螺帽的棱角,使螺母变圆而无法使用。

16

使用活扳手旋动较小螺钉时,应用拇指推紧扳手的调节涡轮,防止扳口变大打滑。

使用扳手应注意用力适当,防止用力过猛,紧固时应适可而止;否则会造成螺钉的损伤,严重时会使其螺纹损坏而失去压紧作用。

7. 电工工具夹

电工工具夹用来插装螺丝刀、电工刀、验电器、钢丝钳和扳手等电工常用工具,分有插装三件、五件工具等各种规格,是电工操作的必备用品,如图1－30所示。

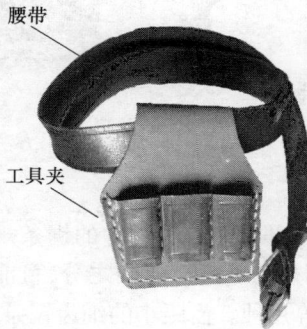

图1－30　电工工具夹

使用方法是将工具依次插入工具夹中,腰带系于腰间并插上锁扣,如图1－31所示。

(a) 插入工具　　　　　　　　　　　　(b) 系好

图1－31　工具夹的使用

8. 电工手锤

手锤由锤头、木柄和羊角组成，图1-32(a)所示是电工常用的敲击工具。

使用手锤安装木榫时将木方削成大小合适的八边形，先将木榫小头塞入孔洞，用锤子敲打木榫大头，直至与孔洞齐平为止，如图1-32(b)所示。

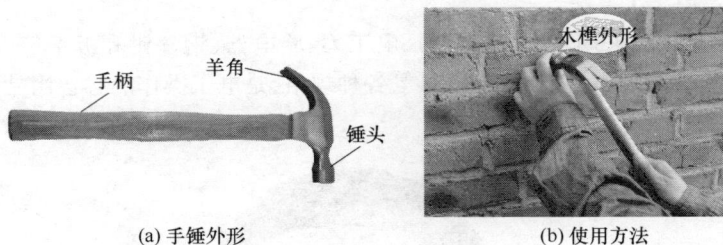

(a) 手锤外形   (b) 使用方法

图1-32 手锤外形及使用方法

9. 手锯

手锯由锯弓和锯条两部分组成。通常的锯条规格为300mm，其他还有200mm、250mm两种。锯条的锯齿有粗细之分，目前使用的齿距有0.8mm、1.0mm、1.4mm、1.8mm等几种。齿距小的细齿锯条适于加工硬材料和小尺寸工件以及薄壁钢管等。

手锯是在向前推进时进行切削的。为此，锯条安装时必须使锯齿朝前，如图1-33所示。锯条绷紧程度要适中。过紧时会因极小的倾斜或受阻而绷断；过松时锯条产生弯曲也易折断。装好的锯条应与锯弓保持在同一中心平面内，这对保证锯缝正直和防止锯条折断都是必要的。

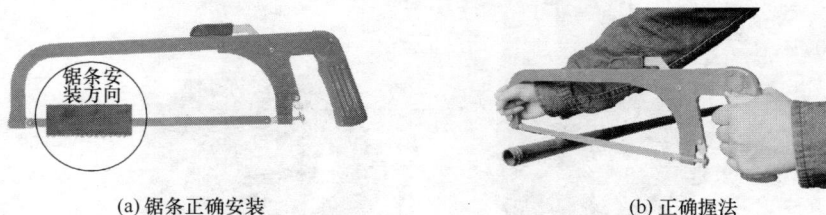

(a) 锯条正确安装   (b) 正确握法

图1-33 手锯外形及使用方法

1.2.2 常用量具

1. 卷尺的使用

卷尺可以测量物体的长、宽、高，其外形如图1-34所示。

图 1 - 34　卷尺外形

使用时打开开关,拉开刻度尺。用挂钩挂住待测物体一端,然后紧贴着拉动尺子到物体的另一端,合上开关读数,如图 1 - 35 所示。

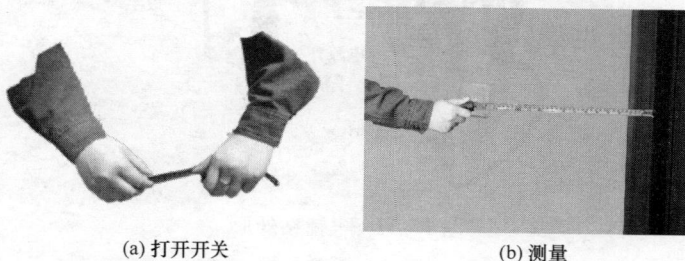

(a) 打开开关　　　　　　　　　　(b) 测量

图 1 - 35　卷尺的使用

2. 游标卡尺

游标卡尺的测量范围有 0 ~ 125mm、0 ~ 200mm、0 ~ 500mm 3 种规格。主尺上刻度间距为 1mm,副尺(游标)有读数值为 0.1mm、0.05mm、0.02mm的 3 种,外形如图 1 - 36(a)所示。

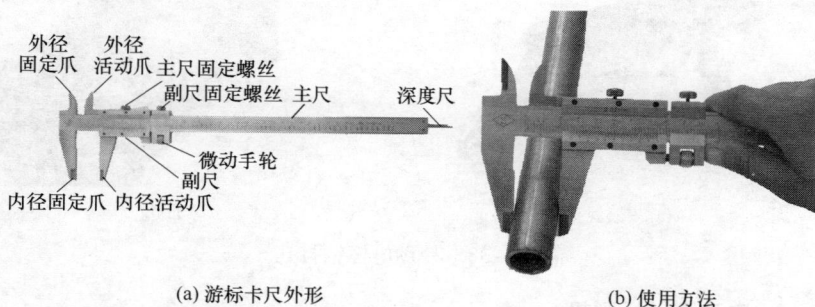

(a) 游标卡尺外形　　　　　　　　(b) 使用方法

图 1 - 36　游标卡尺外形及使用方法

使用游标卡尺时松开主、副尺固定螺钉,将钢管放在内径测量爪之间,拇指推动微动手轮,使内径活动爪靠紧钢管,即可读数。

1.2.3 电动工具

1. 电锤钻

电锤钻是一种手持方式工作的电钻,其外形如图 1-37 所示。常用的是手枪式电锤钻,使用电源为 220V 或 36V。主要用于固定设施的钻孔和打孔。

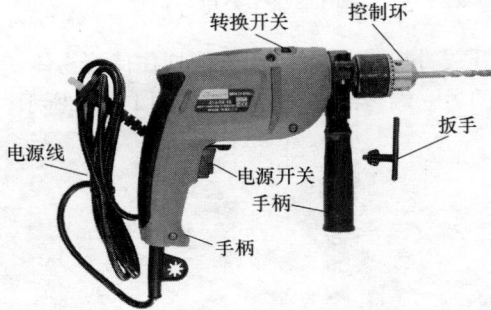

图 1-37 电锤钻外形

使用时先按打孔内径选择钻头并用扳手固定好,然后对准画线部位按下电源开关,就可打出相应的孔洞,如图 1-38 所示。

(a) 安装锤头   (b) 打孔

图 1-38 使用电锤钻打孔

2. 电动型材切割机

电动型材切割机由电动机、支架、支架底座、可转夹钳、增强树脂砂轮片和砂轮保护罩、操作手柄、电源开关及电源连接装置件等组成,如图 1-39 所示。

20

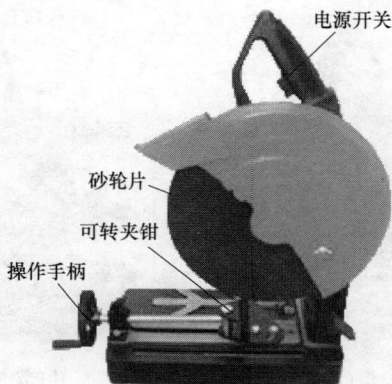

图 1 - 39　电动型材切割机

1）电动型材切割机的使用（切割钢管）

调整可转夹钳，使其符合切割角度，然后放上钢管并夹紧，插上电源线，按下开关，双手下压切割钢管，如图 1 - 40 所示。

2）使用注意事项

（1）禁止在含有易燃和腐蚀性气体及潮湿或受雨淋的场所使用，要保证操作场所光线充足。

（2）保持底盘工作台面的整洁，不乱堆物品，防止引起事故。

（3）在调换砂轮片或检查电动型材切割机前应先拔掉电源插头。启动切割机前应先检查扳手是否从砂轮片夹紧装置上取下。

（4）操作时不得穿宽大的衣服，以防止被高速旋转的砂轮片卷住。

（5）操作时必须戴上护目镜等防护用品。

（6）不得使用大于所用的电动型材切割机规格的最大允许尺寸的砂轮片。必须采用增强树脂砂轮片，其安全线速度不能低于 80m/s。

（7）不允许拆除保护罩及传动带罩壳进行操作。

（8）操作时，无关人员应与切割机保持一定距离，不要靠近。

（9）操作时，姿势要正确，身体要始终保持平衡。切勿站立在切割机底盘台面上，以防无意识地接通电源而发生伤害事故。

（10）电源线不得与砂轮片接触。

（11）使用时必须进行可靠保护接地。

（12）操作者不要在无人看管电动型材切割机的情况下离开现场。如果要离开，则必须切断切割机电源，完全停机后才能离开。

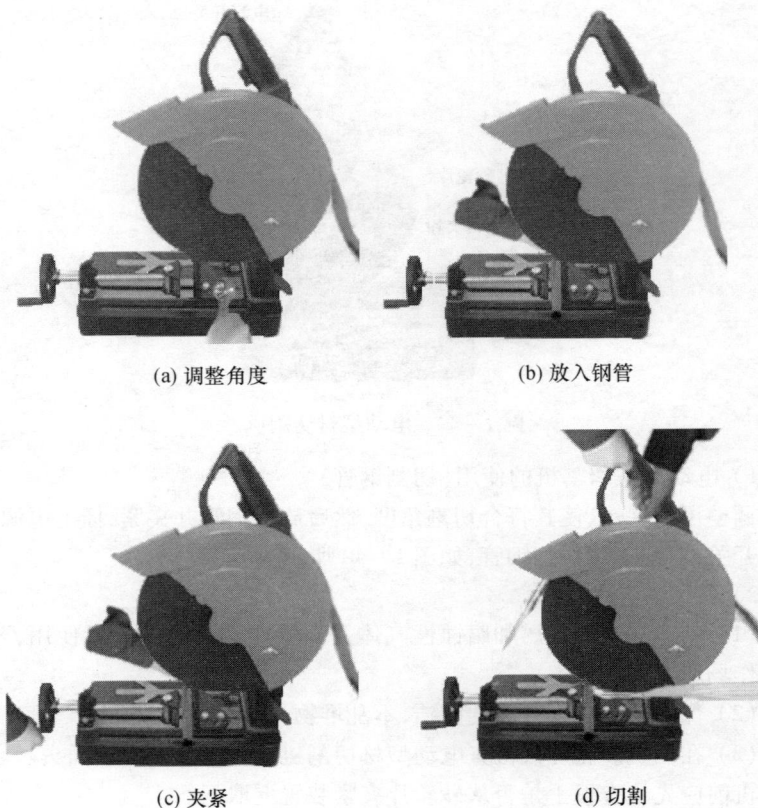

(a) 调整角度   (b) 放入钢管

(c) 夹紧   (d) 切割

图 1-40 电动型材切割机的使用

1.2.4 电气安全用具

1. 绝缘手套

绝缘手套、绝缘靴和绝缘垫用于可能具有触电危险的场合,它们都是特殊的具有绝缘性能的橡胶制品。绝缘手套只能作辅助安全防护用品不得接触有电设备。其外形如图 1-41 所示。

使用绝缘手套操作五防开关柜的方法如下:

根据操作票核对位号,打开五防锁,一手拔出销钉,另一手用力向上推动操作把手,看到指示灯亮时,说明合闸成功,插回销钉并上锁,如图 1-42 所示。

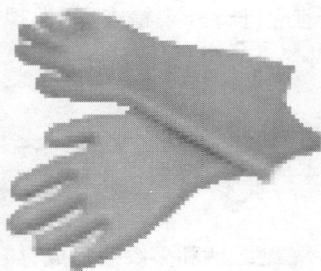

图 1 - 41　绝缘手套的外形

(a) 核对位号

(b) 打开五防锁

(c) 合闸

(d) 上锁

图 1 - 42　绝缘手套的使用

注意事项如下：

（1）绝缘手套应每 6 个月试验一次，不符合要求时，应立即停止使用。

（2）佩戴前要对绝缘手套进行气密性检查。具体方法：将手套从口部向上卷，稍用力将空气压至手掌及指头部分检查上述部位有无漏气，如有则不能使用。

（3）使用时注意防止尖锐物体刺破手套。

（4）使用后注意存放在干燥处，并不得接触油类及腐蚀性药品等。

（5）绝缘手套使用前应进行外观检查，如发现有发黏、裂纹、破口（漏气）、气泡、发脆等损坏时禁止使用。

2. 携带型接地线

携带型接地线是最可靠的防护性安全用具，它可防止在已停电的设备上工作时突然送电所带来的危险，或者由于临近高压线路感应而产生的感应电压的危险。

携带型接地线由夹头、绝缘柄和多绞线组成，如图1－43所示。

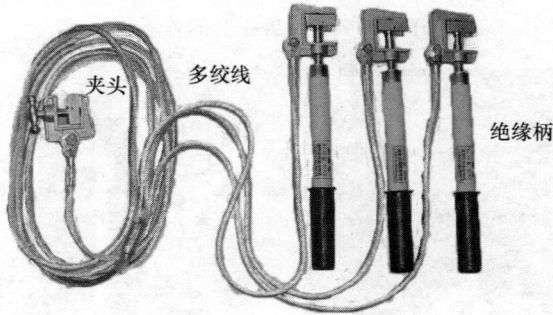

图1－43　携带型接地线

使用接地线必须验明设备确实无电后才能进行；否则将产生严重的短路事故。装设接地线时应先装接地线端，然后再装接3根相线端，如图1－44所示。拆卸时应先拆3根相线端，后拆接地线端。必须戴上绝缘手套进行操作，以防万一。只有确认地线全部拆除后方可送电。

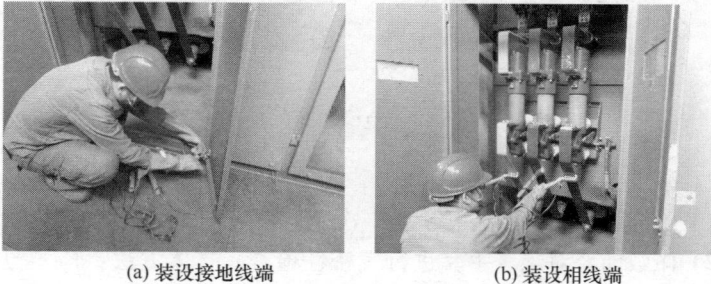

(a) 装设接地线端　　　　　　(b) 装设相线端

图1－44　携带型接地线的使用

接地线应固定地点存放，如有多组接地线，则必须分别编号，只有在存入处清点无误后才可送电。

注意事项如下：

（1）工作之前必须检查接地线。软铜线是否断头、螺钉连接处有无松动、线钩的弹力是否正常，不符合要求应及时调换或修好后再使用。

（2）携带型接地线使用前必须先验电，验电的目的是确认现场是否已停电，能消除错停电、未停电的人为失误，防止带电挂接地线。

（3）在打接地桩时，要选择粘接性强的、有机质多的、潮湿的实地表层，避开过于松散、坚硬风化、回填土及干燥的地表层，目的是降低接地回路的土壤电阻和接触电阻，能快速疏通事故大电流，保证接地质量。

（4）携带型接地线在使用过程中不得扭花，不用时应将软铜线盘好，接地线在拆除后不得从空中丢下或随地乱摔，要用绳索传递，注意接地线的清洁工作，预防泥沙、杂物进入接地装置的孔隙中，从而影响正常使用的零件。

（5）严禁使用其他金属线代替接地线。其他金属线不具备通过事故大电流的能力，接触也不牢固，故障电流会迅速熔化金属线，断开接地回路，危及工作人员生命。

（6）现场工作不得少挂接地线或者擅自变更挂接地线地点。接地线数量和挂接点都是经过工作前慎重考虑的，少挂或变换接地点都会使现场保护作用降低，使人处于危险的工作状态。

（7）接地线应存放在干燥的室内，要专门定人定点保管、维护，并编号造册，定期检查记录。应注意检查接地线的质量，观察外表有无腐蚀、磨损、过度氧化、老化等现象，以免影响接地线的使用效果。

3. 绝缘棒

绝缘棒主要用来闭合或断开高压隔离开关、跌落保险以及用于进行测量和试验工作，绝缘棒由工作部分、绝缘部分和手柄部分组成，如图 1 – 45 所示。

使用前应确定绝缘棒是否符合设备额定电压，是否在试验有效期限内，检查有无损伤、油漆有无损坏等。操作时应配合使用绝缘手套、绝缘靴等辅助安全用具。

使用方法如下：

拉开绝缘棒，将顶部金属钩插入熔断器拉环内，迅速果断用力向下拉，就可将熔断器分开。分闸时先拉中间相再拉两边相，合闸时则先合两边相再合中间相，如图 1 – 46 所示。

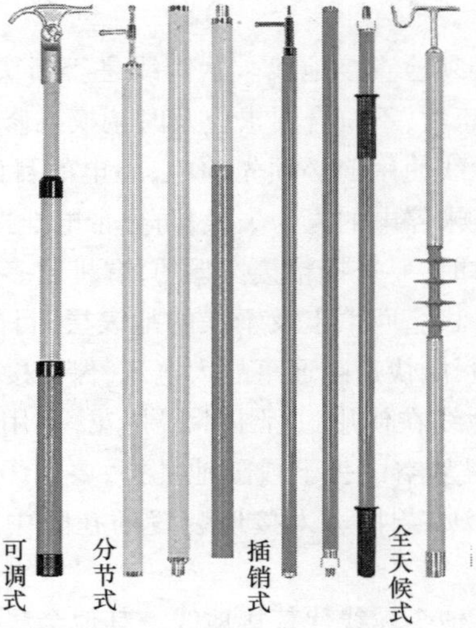
可调式
分节式
插销式
全天候式

图 1－45　绝缘棒的外形

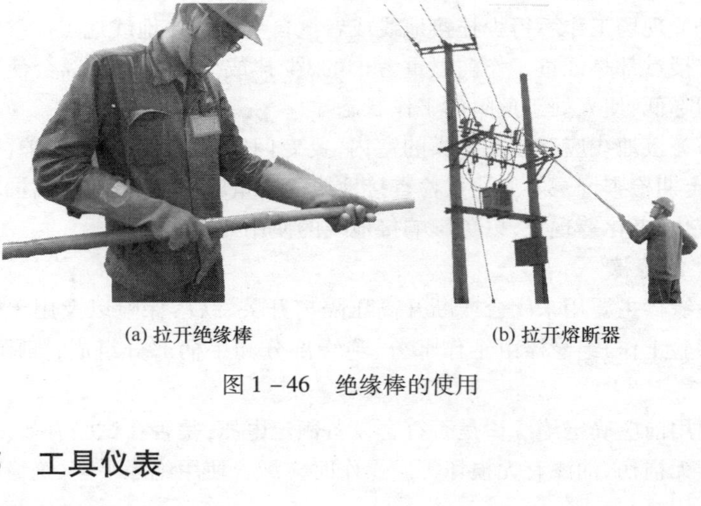

(a) 拉开绝缘棒　　(b) 拉开熔断器

图 1－46　绝缘棒的使用

1.2.5　工具仪表

1. 钳形电流表

钳形电流表利用电磁感应原理制成，主要用来测量电流，有的还具有测量电压、电阻等功能。表主要由钳口、开关、显示屏、功能转换开关组成，VC3266L＋型钳形电流表外形如图 1－47 所示，它具有万用表同样的功能。

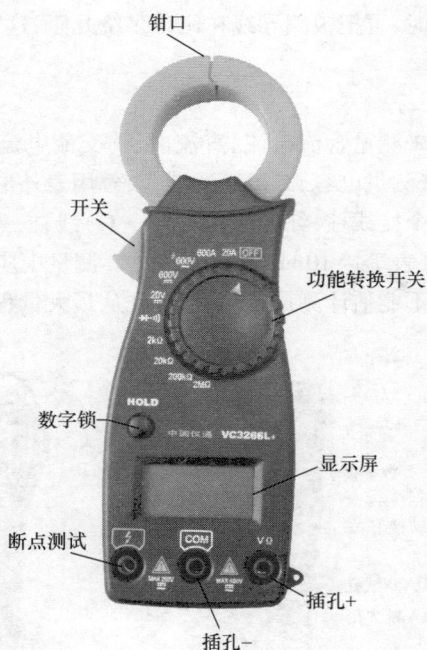

图 1 - 47　钳形电流表外形

电流测量方法:打开钳口,将被测导线置于钳口中心位置,合上钳口即可读出被测导线的电流值,如图 1 - 48 所示。

(a) 打开钳口　　　　　　　　(b) 夹入导线并读数

图 1 - 48　钳形电流表测电流

测量较小电流时,可把被测导线在钳口多绕几匝,这时实际电流应除以缠绕匝数。

2. 万用表

万用表主要用来测量直流电流、直流电压、交流电流、交流电压和直流电阻,有的还可用来测量电容、二极管通断等,万用表外形如图 1 – 49 所示。数字式万用表有多个接线柱,红表笔接 + (V·Ω)线柱,黑表笔接 – (COM)线柱,测量电流时红表笔接 10mA 或 10A 线柱。测量中应选择测量种类,然后选择量程。如果不能估计测量范围时,应先从最大量程开始,直至误差最小,以免烧坏仪表。

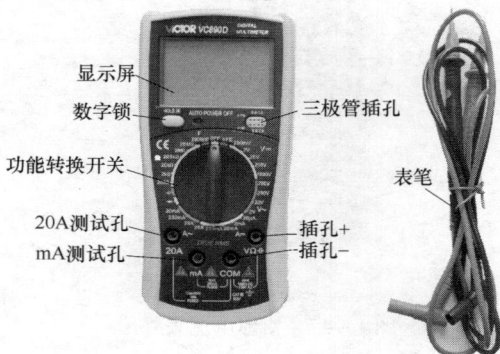

显示屏
数字锁
功能转换开关
20A测试孔
mA测试孔
三极管插孔
表笔
插孔+
插孔–

图 1 – 49　万用表外形

检测电容器时将万用表打到电容挡,两表笔分别连接电容器两接线端,开始时没有读数,待电容器充满电后,显示屏即显示电容值。测量完毕关闭万用表,如图 1 – 50 所示。

注意:测量电流时,万用表应串联在电路中;测量电压、电阻时,万用表应并联在电路中。测量完毕,应关闭或将转换开关置于电压最高挡。

3. 兆欧表

兆欧表俗称摇表、绝缘摇表,主要用于测量绝缘电阻,有手动和电动两种,手动兆欧表外形如图 1 – 51 所示。

测量电动机绝缘电阻时将 L、E 两表笔短接缓慢摇动发电机手柄,指针应指在"0"位置。

L 表笔不动,将 E 表笔接地,由慢到快摇动手柄。若指针指零位不动时,就不要再继续摇动手柄,说明被试品有短路现象。若指针上升,则摇动手柄到额定转速(120r/min),稳定后读取测量值,如图 1 – 52 所示。

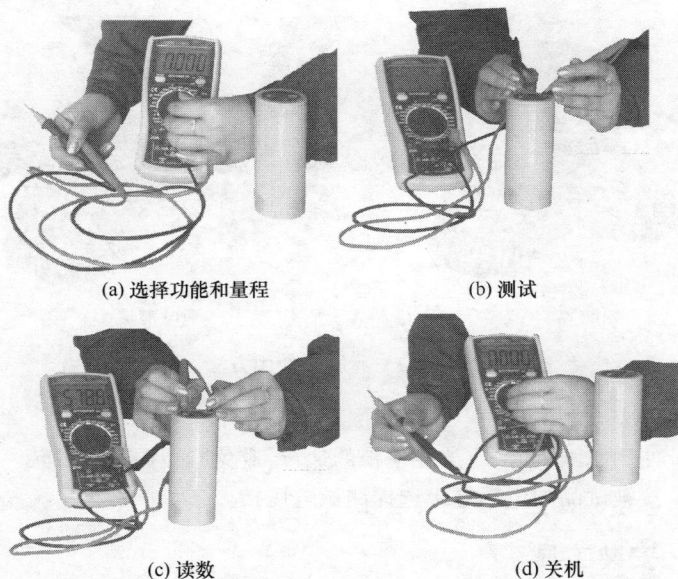

(a) 选择功能和量程   (b) 测试

(c) 读数   (d) 关机

图 1-50　电容器的测试

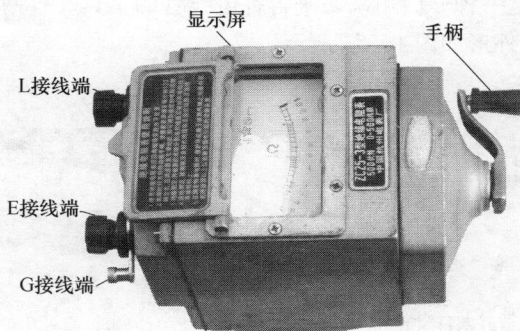

图 1-51　兆欧表外形

使用注意事项如下：

（1）在测量电缆导线芯线对缆壳的绝缘电阻时，应将缆芯之间的内层绝缘物接 G（保护环），以消除因表面漏电而引起的误差。

（2）测量前必须切断被测试品的电源，并接地短路放电，不允许用兆欧表测量带电设备的绝缘电阻，以防发生人身和设备事故。

（3）测量完毕，需待兆欧表的指针停止摆动且被试品放电后方可拆除，

29

(a) 对零   (b) 测量

图 1 – 52　兆欧表使用方法

以免损坏仪表或触电。

（4）使用兆欧表时，应放在平稳的地方，避免剧烈振动或翻转。

（5）按被试品的电压等级选择测试电压挡。

1. 2. 6　安装工具

1. 管子割刀

管子割刀是一种专门用来切割各种电线管的工具。有钢管割刀和塑料管割刀两种，其外形如图 1 – 53 所示。

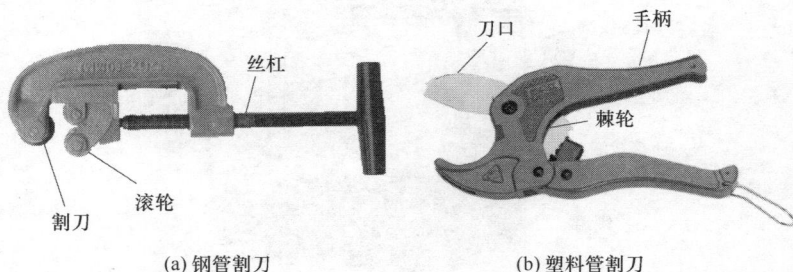

(a) 钢管割刀   (b) 塑料管割刀

图 1 – 53　管子割刀外形

使用钢管割刀时将需要切割的管子固定在台虎钳上，将待割的管子卡入割刀，旋动手柄，使刀片切入钢管。做圆周运动进行切割，边切割边调整螺杆，使刀片在管子上的切口不断加深，直至把管子切断，如图 1 – 54 所示。

使用注意事项如下：

（1）割件时不要左右摆动，用力要均匀。

（2）割刀的旋转方向与开口方向一致，不能倒转。

30

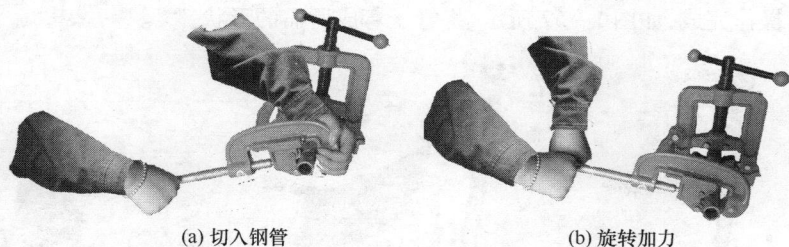

(a) 切入钢管　　　　　　　　　　(b) 旋转加力

图 1-54　钢管割刀的使用

使用塑料管割刀时首先打开剪口,将管子垂直放入钳口中,应边稍转动管子边进行裁剪,使刀口易于切入管壁。刀口切入管壁后,应停止转动 PVC 管,继续裁剪,直至管子切断为止,如图 1-55 所示。

(a) 打开剪口　　　　　　(b) 入管　　　　　　(c) 渐进加力剪断

图 1-55　PVC 管切断方法

2. 弯管器

弯管器是用于管路配线中将管路弯曲成型的专用工具。常用的手动弯管器外形如图 1-56 所示。

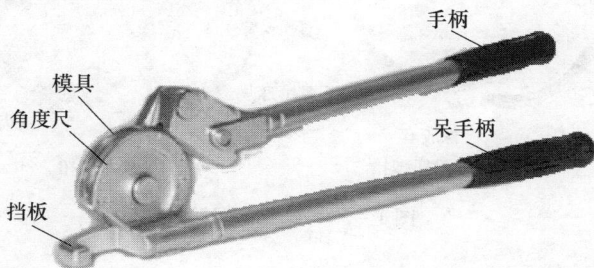

图 1-56　手动弯管器的外形

使用弯管器时首先根据要弯管的外径选择合适的模具,固定模具后插入管子,然后双手压动手柄,观察角度尺,当手柄上横线对准需要弯管角度

31

时,操作完成,如图 1 – 57 所示,将管子弯成所需的形状。

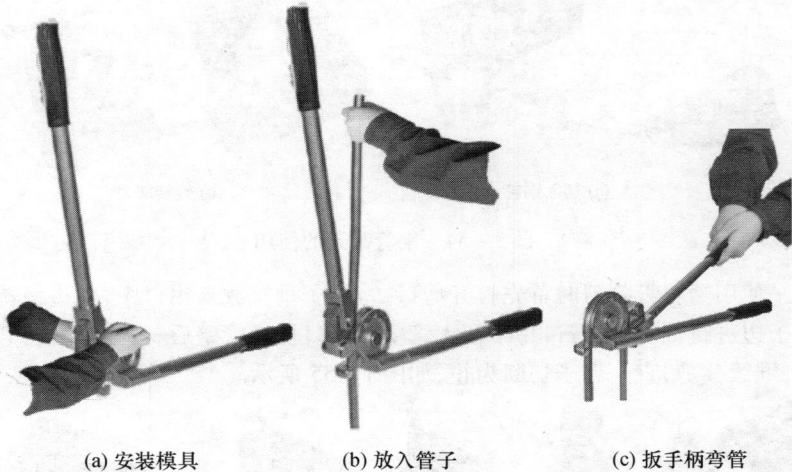

| (a) 安装模具 | (b) 放入管子 | (c) 扳手柄弯管 |

图 1 – 57　手动弯管器的使用

3. 脚扣

脚扣是用来攀登电杆的工具,主要由弧形扣环、脚套组成,分为木杆脚扣和水泥杆脚扣两种,如图 1 – 58 所示。

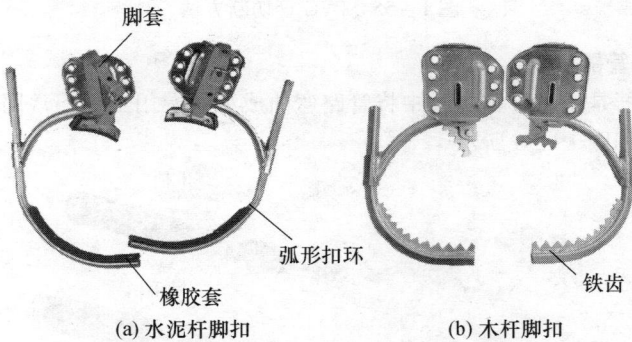

脚套

弧形扣环

橡胶套

铁齿

(a) 水泥杆脚扣　　　　　(b) 木杆脚扣

图 1 – 58　脚扣的外形

使用方法如下:

(1)上杆。在地面上套好脚扣,登杆时根据自身方便,可任意用一只脚向上跨扣,同时用与上跨脚同侧的手向上扶住电杆。换脚时,一个脚的脚扣和电杆扣牢后,再动另一只脚。以后步骤重复,直至杆顶需要作业的部位,如图 1-59 所示。登杆中不要使身体直立靠近电杆,应使身体适当弯曲,离开电杆。快登到顶时,要防止横担碰头。

(a) 右脚上移右手在上　　　　　　　　　(b) 左脚上移左手在上

图 1-59　利用脚扣上杆

（2）杆上作业。操作者在电杆左侧作业时,应左脚在下,右脚在上,即身体重心放在左脚上,右脚辅助。操作者在电杆右侧作业时,应右脚在下,左脚在上,即身体重心放在右脚上,以左脚辅助。也可根据负载的轻重、材料的大小采取一点定位,即两只脚同在一条水平线上,用一只脚扣的扣身压在另一只脚扣的身上,如图 1-60 所示。

(a) 两点定位　　　　　　　　　　　(b) 一点定位

图 1-60　利用脚扣杆上作业

（3）下杆。下杆时先将置于电杆上方的(或外边的)脚先向下跨扣,同时与向下跨脚扣之脚的同侧手向下扶住电杆,然后再将另一只脚向下跨,同时另一只手也向下扶住电杆,以后步骤重复,直至着地。

4. 麻绳的使用

麻绳是用来捆绑、拉索、提吊物体的,由于强度较低,在机械启动的起重机械中严禁使用。常用的几种麻绳绳扣如下。

1) 直扣和活扣

直扣和活扣都用于临时将麻绳的两端结在一起,而活扣用于需迅速解开的场合。

(1) 直扣的做法。将一根绳短头折回,握在手中,另一根绳短头自半圆下侧插入,折回半圆下侧向上翻,反向插入半圆,如图 1 – 61 所示。

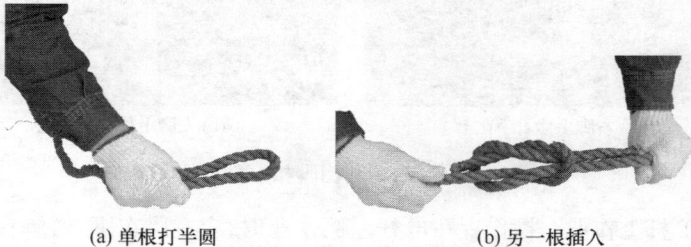

(a) 单根打半圆   (b) 另一根插入

图 1 – 61 直扣的做法

(2) 活扣的做法。先制作一个直扣,然后将其中的一个短头从半圆中拉回,如图 1 – 62 所示。

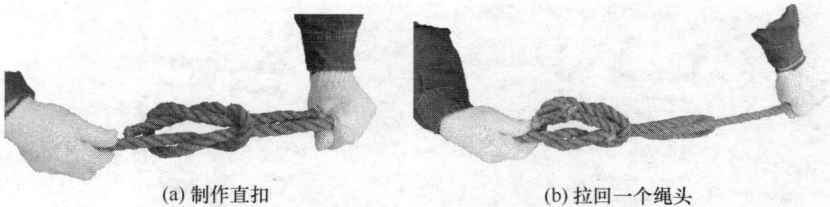

(a) 制作直扣   (b) 拉回一个绳头

图 1 – 62 活扣的做法

2) 腰绳扣

腰绳扣在登高作业时拴腰绳使用。

腰绳扣的做法:将导线弯成圆圈并用绑绳绑牢,绳头穿过导线圈,在导线后侧绕回,向上翻并插入导线圈,如图 1 – 63 所示。

3) 猪蹄扣和倒扣

猪蹄扣在抱杆顶部等处绑绳时使用,倒扣在抱杆上或电杆立起时的临时拉线锚桩上固定时使用。

34

(a) 圈中穿出　　　　　　　　　　(b) 后侧绕回穿入

图 1 – 63　腰绳扣的做法

（1）猪蹄扣的做法。两手将绳子在两侧各弯一个半圆，然后将两个半圆合在一起，如图 1 – 64 所示。

(a) 弯两个半圆　　　　　　　　　　(b) 合起

图 1 – 64　猪蹄扣做法

（2）倒扣的做法。将绳短头绕过拉线，再从绳和拉线中间穿出，连续做 3 个，绳头用绑线绑牢，如图 1 – 65 所示。

(a) 一个绳扣

(b) 绳头绑牢

图 1 – 65　倒扣做法

4）抬扣

抬扣又称杠杆扣，用来抬重物。

抬扣的做法：先把绳两头连接绑牢，然后将绳穿过被抬物底部，拉齐后对穿一下，将杠杆穿过抬扣，如图1-66所示。

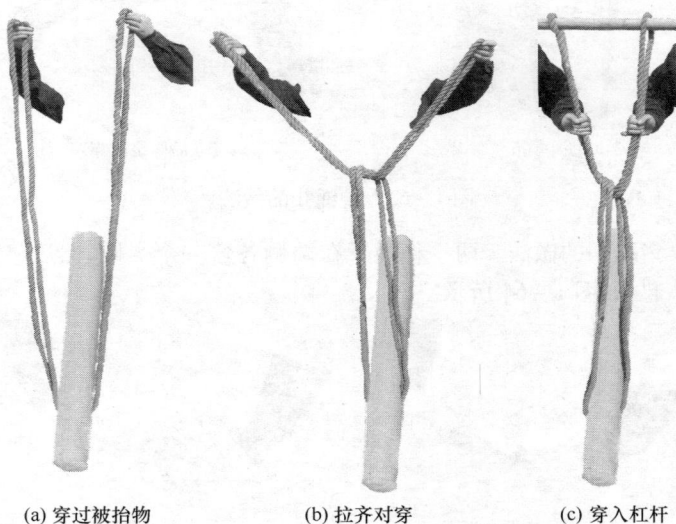

(a) 穿过被抬物   (b) 拉齐对穿   (c) 穿入杠杆

图1-66　抬扣的做法

5）吊物扣和倒背扣

吊物扣用来挂吊工具或绝缘子等物品，倒背扣用来拖动较重且较长的物品，可以防止物体转动。

（1）吊物扣做法。将绳弯成圆圈并将短头从圈内穿出，长头折回从圈内穿出，如图1-67所示。

(a) 短头穿过   (b) 长头折回

图1-67　吊物扣的做法

36

（2）倒背扣的做法。将绳短头缠绕背物一圈后自长头内侧穿出，距离 100mm 左右再缠绕一圈，压住绳子后内侧穿出并自缠两圈后拉紧，如图 1 - 68 所示。

(a) 缠一圈   (b) 再缠一圈

图 1 - 68　倒背扣

第2章 异步电动机

2.1 三相笼型异步电动机概述

2.1.1 三相异步电动机种类、结构

1. 三相异步电动机种类

（1）按转子结构不同，可分为笼型和绕线型两种；笼型又可分为普通笼、双笼和深笼 3 种。

（2）按防护方式，可分为开启式、防护式、封闭式和防爆式等。

（3）按基座底脚平面至中心高度不同，可分为大型、中型、小型 3 种；小型电动机中心高 80～315mm，中型电动机中心高 355～630mm，大型电动机中心高在 630mm 以上。

（4）按安装结构形式，一般分为卧式和立式两种。

（5）按冷却方式，可分为自冷式、自扇冷式、它扇冷式和普通管道通风式等。

（6）按绝缘等级，可分为 A 级、E 级、B 级、F 级、H 级等。

部分三相异步电动机新产品代号见表 2－1。

表 2－1 三相异步电动机新产品代号

序号	产品名称	产品代号	汉字意义
1	异步电动机	Y	异
2	绕线转子异步电动机	YR	异绕
3	大型高速异步电动机	YK	异（快）
4	大型绕线转子高速异步电动机	YRK	异绕（快）
5	防爆安全型异步电动机	YA	异安
6	隔爆型异步电动机	YB	异爆

低压三相异步电动机的产品型号表示方法如下：

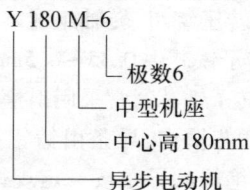

$$Y\ 180\ M\text{–}6$$

极数6
中型机座
中心高180mm
异步电动机

2. 三相笼型异步电动机的结构

三相笼型异步电动机主要由定子、转子两个基本部分组成。此外，还有机壳、端盖、转轴、轴承、风扇、风罩（单相感应电动机还有启动装置）等部件。YB 系列三相感应电动机典型结构如图 2 – 1 所示。

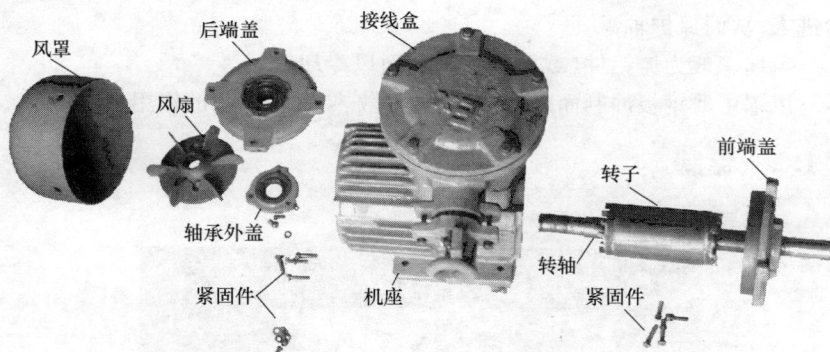

图 2 – 1　笼型三相异步电动机结构

1）定子

定子主要由铁芯、定子绕组、机座组成。

定子铁芯是电动机磁路的一部分，用 0.35 ~ 0.5mm 厚的硅钢片冲叠而成，硅钢片间涂有绝缘漆，以减少涡流损耗。铁芯内圆表面冲有均匀分布的槽，用以嵌放定子绕组，定子铁芯的槽形有半闭、半开口和开口等几种形式。

定子绕组一般采用高强度聚酯漆包圆铜线绕制成各种形式的线圈后嵌入定子槽内，大功率三相异步电动机的绕组则多用玻璃丝聚酯漆包扁铜线绕制成成型线圈，经过绝缘处理后再嵌放于定子槽内。

机座一般用铸铁或铝铸成，是定子铁芯的固定件，它的两端固定的端盖是转子的支撑件。端盖和轴承盖也由铸铁制成。

2）转子

转子主要由转子铁芯、转子绕组、转轴组成。

三相笼型异步电动机转子铁芯由 0.35 ~ 0.5mm 厚的硅钢片冲叠而成,为了改善电动机的启动性能,转子铁芯通常采用斜槽、双鼠笼和深鼠笼结构。

转子绕组嵌放于转子铁芯槽内,导条由铸铝条、裸铜条制成时,这种转子称为笼型转子;导条由带绝缘的导条按一定规律连接并通过滑环、电阻器等短接时,这种转子称为绕线型转子。

3）其他部件

端盖一般由铸铁制成,用螺栓固定在机座两端,其作用是安装固定轴承、支撑转子和遮盖电动机。

轴承盖一般由铸铁制成,用来保护和固定轴承,并防止润滑油外流及灰尘进入,从而保护轴承。

风扇一般为铸铝件(或塑料件),起通风冷却作用。

风罩由薄钢板冲制而成,主要起导风散热、保护风扇的作用。

2.1.2 铭牌

三相异步电动机的铭牌如图 2-2 所示。

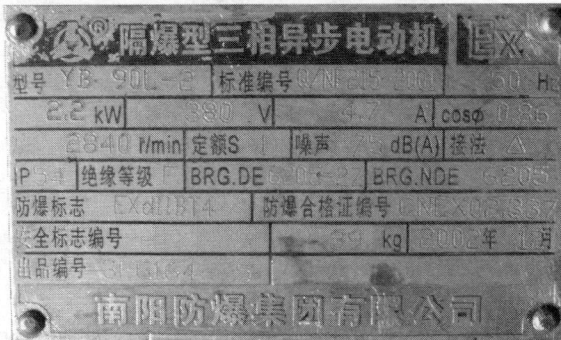

图 2-2 三相异步电动机铭牌

1）型号

型号表示电动机的类型、结构、规格及性能特点的代号。

2）功率

功率指电动机按铭牌规定的额定运行方式运行时,轴端上输出的额定机械功率,用字母 P_N 表示。

3）电压、电流和接法

电压、电流指额定电压和额定电流。感应电动机的电压、电流和接法三者是相互关联的。

额定电压是指电动机额定运行时，定子绕组应接的线电压，用字母 U_N 表示。

额定电流是指电动机外接额定电压，输出额定功率时，电动机定子的线电流，用字母 I_N 表示。

接法是指三相感应电动机绕组的 6 根引出线头的接线方法，接线时必须注意电压、电流、接法三者之间的关系。例如，标有电压 220/380V，电流 14.7/8.49，接法 △/Y，说明可以接在 220V 和 380V 两种电压下使用，220V 时接成 △，380V 时接成 Y。

4）功率因数

功率因数指电动机在额定功率输出时，定子绕组中相电流和相电压之间相角差的余弦值。

5）转速

转速指电动机的额定转速。

6）工作制

工作制表示电动机允许的持续运转时间，分为连续、短时、断续 3 种。

（1）连续表示电动机可以连续不断地输出额定功率，而温升不会超过允许值。

（2）短时表示电动机只能在规定时间内输出额定功率；否则会超过允许温升。短时可分为 10min、30min、60min 及 90min4 种。

（3）断续表示电动机短时输出额定功率，但可以多次断续重复。负载持续率为 15%、25%、40% 及 60% 等 4 种，以 10min 为一个周期。

7）标准编号

标准编号指电动机生产使用的国家标准号。

8）出厂编号

用编号可以区别每一台电动机，并便于分别记载各台电动机试验结果和使用情况，用户可根据产品编号到制造厂去查阅技术档案。

2.1.3 三相异步电动机工作原理

三相异步电动机的旋转磁场，是指三相交流电通入定子绕组时沿定子、转子气隙空间按一定规律分布的不断旋转的磁场。

由于三相绕组在定子铁芯上的空间位置按互差120°分布,当对称的三相交流电通入定子绕组时,就会在空间产生一个旋转磁场,这个磁场的转向就是三相交流电的相序方向,其转速则为同步转速 $n_0 = \dfrac{60f}{p}$。

这个旋转磁场在转子绕组中产生感应电动势并产生电流,电动势的方向可由右手定则确定,载有感应电流的转子绕组在磁场中受到电磁力的作用,受力方向可由左手定则确定,这些力对轴形成转矩,从而使转子转动。

2.1.4 三相异步电动机的选择

合理选择三相异步电动机应从以下几个方面考虑。

1. 合理选用三相异步电动机的型号

电动机的型号类型应与被拖动的力学性能相适应,农村一般采用笼型电动机。电动机外壳的防护等级,应能满足安装处所的环境要求。例如,在亚热带地区应尽量选择绝缘等级较高的电动机;在潮湿、粉尘飞扬的环境处所应选用 IP44 的封闭型电动机;在易燃易爆场所应选用防爆电动机。

2. 合理选用三相异步电动机的容量

电动机的额定功率应与被拖动机械功率相匹配。一般应比负载功率大10% 左右较适宜。电动机的功率选择得过大,会出现不合理的"大马拉小车"现象,其效率和功率因数都较低,见表2－2。这样对资金和电力都是浪费。选择得太小会使电动机难以启动、过载,负载电流会超过额定电流,严重时会烧坏电动机。在选择时还应考虑配电变压器容量,如果是直接启动的电动机,则是电动机的最大功率不应超过变压器容量的30% 。

表 2－2　电动机效率、功率因数随负载的变化

负载情况	空载	1/4 负载	1/2 负载	3/4 负载	满负载
功率因数	0.2	0.5	0.77	0.85	0.87
效率	0	0.78	0.85	0.88	0.875

3. 合理选用三相异步电动机的额定电压

电动机的额定电压一定要与所用电源的电压相符,农用电动机一般选用 380V 或 380V/220V 两用电动机。

4. 合理选用三相异步电动机的转速

电动机的转速应根据生产机械的要求选定。电动机的转速不宜选得太低,因为电动机的转速越低,其尺寸越大,价格越贵,功率因数和效率也越

低,而其固定转矩则越大。电动机的转速也不宜选得太高,否则启动转矩会小,启动电流会大,权衡利弊,农村宜采用4极电动机,其同步转速为1500r/min。它的转速居中,而且适应性强,功率因数和效率也较高。

2.2　三相异步电动机的安装与接线

2.2.1　三相异步电动机的安装

1. 地点选择

电动机应安装在通风、干燥、灰尘较少的地方和不致遭受水淹的地方。电动机的周围应比较宽敞,还应考虑到电动机的运行、维护、检修和运输的方便。安装在室外的电动机,要采取防雨、防日晒的措施。农村排灌用的一些小型电动机,受水源和其他环境条件的限制,流动性较强,要因地制宜地采取防护措施,以免损坏电动机。

2. 基础制作

电动机的基础有永久性、流动性和临时性3种。乡镇企业、农副加工、电力排灌站一般采用永久性基础。

1)底座基础制作

(1)基础浇注。电动机底座的基础一般用混凝土浇筑或用砖砌成,基础的地脚螺栓形状见图2-3(a)。基础高出地面的尺寸 H 一般为100~150mm,具体高度随电动机规格、传动方式和安装条件等确定。底座长度 L 和宽度 B 的尺寸,应根据底板或电动机基座尺寸确定,每边应比电动机机座宽100~150mm。基础的深度一般按地脚螺栓长度的1.5~2.0倍选取,以保证埋设的地脚螺栓有足够的强度。基础的重量应为机组重量的2.5~3.0倍。

浇筑基础之前,应挖好基坑,夯实坑底,防止基础下沉。接着在坑底铺土层石子,用水淋透并夯实。然后把基础模板放在石子上或将木板铺设在浇筑混凝土的木架上,并埋入地脚螺栓。

浇筑混凝土时,要保持地脚螺栓的位置不变和上下垂直。

(2)地脚螺栓埋设。为了保证地脚螺栓埋设牢固,通常将其埋入基础的一端做成人字形或弯钩形,如图2-3(a)所示。埋设螺栓时,埋入混凝土的深度一般为螺栓直径的10倍左右,人字开口或弯钩的长度约为螺栓埋入混凝土深度的一半。

图 2 - 3 电动机直接安装基础

（3）临时基础制作。对于临时建筑施工机械或其他临时使用的电动机，可采用临时性基础。临时性基础一般为框架式，将电动机与机械设备一起固定在坚固的框架上，框架可以是木制或钢制框架，把框架埋在地下，用铁钎或木桩固定。需要异地使用时，拔出铁钎或木桩，拖动或抬运框架即可。

2）底座基础复核

（1）按照水泥基础所能承担的总负荷、电动机的固有振动频率、转速及安装地点的土质状况，核对水泥基础的水泥牌号、基础的尺寸是否合适。

（2）对于室外安装的电动机，其水泥基础的深度应大于 0.25m，或大于冻土层。

（3）核对地脚螺栓的尺寸、形状及埋入深度是否符合要求，地脚螺栓水泥基础是否已成为一体。

（4）安放垫铁后进行预安装，第一次找平后进行二次灌浆。经二次灌浆后垫铁应与水泥基础成为一体。

（5）核对安装在水泥基础上的设备（电动机或电动机加上它所拖的负荷）加上垫铁后的整体重心是否与水泥基础的重心重合，若不重合，其偏心值和平行偏心方向的基底边长的比值应小于 3% ；否则，应调整地脚螺栓的位置。

（6）框架式基础要检查各焊接部位是否牢固，复核框架的刚度及强度。

3）安装前检查

（1）技术资料复核。详细核对电动机铭牌上标出的各项数据（如型号规格、额定容量、额定电压和防护等级等），应与图纸规定或现场实际要求相符。

（2）外观检查。

① 外形是否有撞坏的地方，转子有无窜动，人工转动有无不正常的卡壳现象和噪声。

② 电刷、滑环、整流子等各部件有无损坏或松脱的地方。电动机所附地脚螺栓是否齐全。

（3）定子与转子的间隙检查。

① 检查定子与转子的间隙，可用塞尺测量。塞尺放在气隙中间，将转子慢慢转动 4 次，每次转 90°。对于凸极式电动机应在各磁极下面测定，而隐极式电动机分四点测定。

② 直流电动机磁极下各点空气间隙的相互误差，当间隙在 3mm 以下时，不应超过 20%；当间隙在 3mm 及以上时，不应超过 10%。

③ 交流电动机各点空气间隙的相互差不应超过 10%。

（4）绕组检查。

① 拆开接线盒，用万用表检查三相绕组是否断路、连接是否牢固。

② 必要时可用电桥测量三相绕组的直流电阻，检查阻值偏差是否在允许范围以内（各相绕组的直流电阻与三相电阻平均值之差一般不应超过 ±2%）。

（5）绝缘检查。使用兆欧表测量电动机各相绕组之间以及各相绕组与机壳间的绝缘电阻。如果电动机的额定电压在 500V 以下，则使用 500V 兆欧表测量，测得的绝缘电阻值不应低于 0.5MΩ。

（6）电动机整理。电动机经过检查后，应用手动吹风器将机身上尘垢吹扫干净。如果电动机较大，最好用压力不超过 0.2MPa 的干燥的压缩空气吹扫。

3. 电动机安装

1）电动机的搬运

（1）吊运电动机的基本要求。

① 搬运和吊装电动机时，应注意不要使电动机受到损伤、受潮和弄脏，并要注意安全。

② 如果电动机由制造厂装箱运来，在还没有到安装地点前，不得打开包装箱，应将电动机储存在干燥的房间内，并用木板垫起来，以防潮气侵入电动机。

（2）吊运电动机前的准备工作。

① 了解电动机及附属设备的总重量、外形尺寸及吊运要求。

② 准备适当的吊运设备、工具、材料和相应的人力。

③ 了解清楚吊运路线及周围作业的环境。

④ 对较大部件的吊运，应制定出操作方法和安全措施。

（3）吊运电动机的方法。

① 吊运电动机时，不得将绳索挂在轴身、风扇罩、导风板上，应挂在提环上或机座底脚和机座板指定的挂绳处；当电动机有两个提环时，绳索在挂钩之间的角度不得大于30°，以防拉断提环。如大于30°时，应在提环间加撑条保护。

② 吊运机组时，应将绳索兜住底部或拉在底座指定的吊孔上，严禁用一个电动机的提环吊运整个机组。

③ 电动机抽芯过程中吊运转子，如将绳索套挂在转子铁芯上或轴身上时，应加垫块及毛毡等物，防止划伤铁芯或轴身，并应注意防止滑动。

④ 吊运用的各种索具，必须结实、可靠。若电动机与减速机或水泵等设备连接为一体时，不能用电动机吊环吊运设备。电动机经长途运输或装卸搬运，难免不受风雨侵蚀及机械损伤，电动机运到现场后应仔细检查和清扫。

2）电动机的安装

（1）电动机固定。电动机在混凝土基础上安装方式有两种：一种是将电动机基座直接安装在基础上；另一种是基础先安装在槽轨上。电动机在槽轨上的如图 2 - 4 所示。

图 2 - 4　电动机在槽轨上的安装

为了防止振动，安装时应在电动机与基础之间垫一层硬橡胶板，四角的地脚螺栓都要套上弹簧垫圈。在拧紧地脚螺栓时，地脚螺栓应在校平过程中分几次逐渐拧紧。

（2）电动机校平。电动机安装就位后，应用水平仪对电动机进行纵向和横向校正。如果不平，可在机座下面加金属调整垫片进行校正，垫片可用厚 0.5～5mm 的钢片。若检修后更换同容量的不同中心高的电动机，应更换垫铁，重新进行二次灌浆，不宜在原垫铁与电动机间加入槽钢之类的垫块。

2.2.2　电动机引线的安装

电动机的引线应采用绝缘导线，其截面积的大小应按电动机的额定电流选定。地面以上 2.5m 以内的一段引线应采用槽板或硬塑料管防护，引线沿地面敷设时，可采用地埋线、埋管、电缆沟等防护形式，引线不允许有裸露部分。临时性的电动机引线，可采用橡皮绝缘的护套软线，但要保证护套软线完好无损，以免漏电。

电源、启动设备、保护装置等与电动机的连接，应采用接线盒或其他防护措施，应避免导体裸露，威胁人身安全。操作开关的安装地点应在电动机附近，其高度应符合安全规定的要求，以便操作和维修。

1. 电动机接线

三相电动机定子绕组一般采用星形或三角形两种连接方式，如图 2－5 所示。生产厂家为方便用户改变接线方法，一般电动机接线盒中电动机三相绕组的 6 个端子的排列次序有特定的方式，如图 2－6 所示。

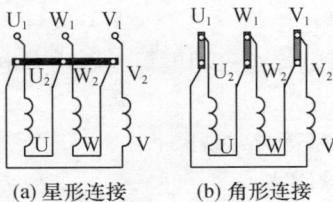

(a) 星形连接	(b) 角形连接

图 2－5　三相异步电动机定子接法

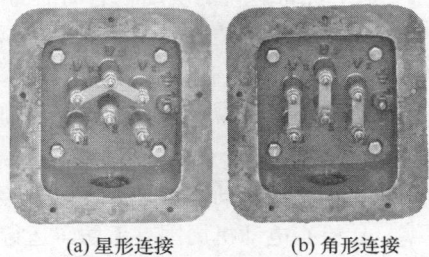

(a) 星形连接	(b) 角形连接

图 2－6　接线盒内端子接法

2. 接线的注意事项

（1）选择合适的导线截面，按接线图规定的方位，在固定好的电气元器件之间测量所需要的长度，截取长短适当的导线，剥去导线两端绝缘皮，其长度应满足连接需要。为保证导线与端子接触良好,压接时将芯线表面的氧化物去掉,使用多股导线时应将线头绞紧烫锡。

（2）走线时应尽量避免导线交叉,先将导线校直,把同一走向的导线汇成一束,依次弯向所需要的方向。走线应横平竖直,拐直角弯。做线时要用手将拐角做成90°的慢弯,导线弯曲半径为导线直径的3～4倍,不要用钳子将导线做成死角,以免损伤导线绝缘层及芯线。做好的导线应绑扎成束用非金属线卡卡好。

（3）将成型好的导线套上写好的线号管,根据接线端子的情况,将芯线弯成圆环或直接压进接线端子。

（4）接线端子应固定好,必要时装设弹簧垫圈,防止电器动作时因受震动而松脱。

（5）同一接线端子内压接两根以上导线时,可套一只线号管,导线截面不同时,应将截面大的放在下层,截面小的放在上层,所有线号要用不易褪色的墨水用印刷体书写清楚。

2.3 异步电动机故障判断与检修

2.3.1 异步电动机的维护与常见故障处理

1. 电动机启动与运行维护

1）电动机启动前的准备工作

（1）经常运行的电动机启动前的准备工作。

① 检查皮带装置有无缺陷,皮带松紧度是否合适,皮带的连接是否良好,联轴器的螺钉、销子是否紧固等。

② 检查保护熔丝是否完好无损,用电笔检查三相电源是否均有电,检查电压是否正常。

③ 检查被拖动机械是否良好,有无卡塞等异常现象。

④ 检查电动机周围有无妨碍运行的障碍物。

⑤ 检查电动机内部有无异物,转动是否灵活。

（2）新投运的电动机启动前的准备工作。

新投运或长期停运的电动机,启动前除了做上述检查外,还应做以下检查。

① 基础和地脚螺栓是否紧固,电动机轴承是否缺油等。

② 根据电动机铭牌的技术数据,检查电动机选择是否合适,接线、电压等级是否与铭牌相符。

③ 对于 380V 的电动机,用 500V 绝缘电阻表测量电动机的绝缘电阻应不小于 0.5MΩ。

④ 检查电动机及启动装置的外壳,是否有良好的接地保护或接零保护。

⑤ 启动设备选择是否正确,熔丝的额定电流选得是否合适;启动装置是否灵活,有无卡阻现象,触点接触是否良好。

⑥ 电动机和启动设备的金属外壳是否可靠接地。

⑦ 电动机引线的截面是否符合要求。

2)电动机启动时的注意事项

(1)操作人员应防止自己的衣服、头发等不要被卷入转动部分,电动机旁边不要有人。

(2)拉、合闸时,操作人员应站在一旁,防止被电弧烧伤。

(3)拉、合闸要果断迅速,不可中途停止。

(4)使用星形—三角形或补偿器启动时,必须遵守有关的操作顺序。

(5)接在同一台变压器上的电动机,不应同时启动,要由大到小逐台启动。防止因电动机启动电流过大而造成变压器过载,并使线路和变压器的电压降过大,引起电动机启动困难。

(6)电动机不可在短时间内连续多次启动,应按制造厂规定保持一定的间隔时间,以防电动机过热,电动机在冷态下,空载连续启动不应超过 3~5 次;在热态下,不得超过两次。

(7)合闸后,如果电动机不转,或转动很慢或声音不正常,应迅速拉闸,防止因电流过大而烧坏电动机。

(8)新安装的电动机,在试车前不得安装皮带,在确认电动机转向正确后,方可停电安装皮带。皮带运行中应不跑偏、不打滑、不磨边,皮带周围应有安全防范措施。

3)运行中的电动机主要监视事项

(1)监视电动机的运行电流。电动机的线电流不得超过铭牌上规定的额定电流。已装电流表的电动机,可在电流表上画一条额定电流的红线;没有安装电流表的小容量电动机,应使用钳形电流表定期测量三相电流。还应注意电动机的三相电流是否平衡,任意两相间的电流差不应大于额定电流值的 10%;否则说明电动机有故障。

（2）监视电源电压的变化。端电压是否过低,三相电压是否平衡,一般要求电动机的运行电压不应低于额定电压的 5%,不高于额定电压的 10%。三相电压的差别不大于 5%;否则会使电动机发热过快,出力减少。

（3）监视电动机的运行温度。运行中的电动机温升不得超过允许温升,润滑轴承的温度一般不得超过 70℃,滚动轴承的温度一般不得超过 80℃。若有漏油现象应停机处理。

用温度计测量电动机的温度时,先把电动机外壳上的吊环螺钉拧下来,将温度计插入吊环内,再用棉纱等隔热材料塞好吊环孔。这时所测得的温度是绕组表面的温度,这个温度再加上 10℃ 就是绕组最热点的实际温度。实际温度减去当时的环境温度,就是电动机温升。

中、小容量的电动机,可用手背触摸电动机的外壳测温,若没有发烫到要缩手的感觉,说明电动机没有过热。若烫得马上缩手,则说明电动机的温度已超过了允许值。用手测电动机温度时,应注意防止外壳带电,因此应用手背触摸,而不得用手掌触摸,为确保安全,应先用测电笔测试外壳是否带电。

也可用滴水的办法测试电动机的外壳。在机壳上滴几滴水,如果只看见冒热气而无声音,说明电动机没有过热,如果冒热气,又听到"咝咝"声,说明电动机已超过了允许温度值。

（4）监视电动机的声音、振动和气味。电动机正常运行时,声音均匀,运转平稳,无绝缘漆焦臭味。若发生异常声音、剧烈震动、绝缘漆焦臭味等,说明电动机过热或有其他故障。

（5）监视电动机传动装置的工作情况。要随时注意电动机带轮或联轴器是否松动、打滑,皮带接头是否完好等。

（6）要防止电动机缺相运行。防止电动机缺相运行可采用以下措施。

① 选用带热继电器的磁力启动器或带热脱扣器的低压断路器。

② 经常检查闸刀开关和熔丝的接触是否紧密良好。

2. 电动机的日常维护

1）日常维护的内容

（1）注意监视电动机的通风情况和环境。应保证电动机的进、出风口畅通无阻,室内运行的电动机应注意通风;室外运行的电动机应避免阳光暴晒。

（2）电动机及所拖动的机械设备周围应保持清洁,避免灰尘、水滴、杂物进入电动机内。要及时清理电动机外壳上的油污尘垢,保持清洁。

（3）室外操作的电动机开关箱应加锁。

（4）定期检查更换润滑油。

（5）经常检查皮带运行是否良好。

（6）遇有突然停电,应立即拉开开关,断开电源。

2）电动机的常见故障及原因

电动机的常见故障及原因见表2-3。

表2-3 电动机的常见故障及原因

序号	故障现象	可能原因
1	不启动或启动困难	（1）电源无电或电压过低 （2）熔丝熔断 （3）启动器跳闸 （4）皮带拉得过紧或联轴器未校正好 （5）被带动机械阻力矩过大或不能转动 （6）定子绕组接线错误 （7）定子绕组一相断线或有短路故障 （8）定子、转子铁芯相擦
2	不启动,但发出"嗡嗡"声	（1）电源线一相断线、熔丝一相熔断或电动机定子有一相断线 （2）定子与转子相碰 （3）轴承损坏 （4）被拖动机械卡住

3）电动机开关的选择

（1）用来控制小型三相异步电动机的组合开关,一般可按照开关额定电流 I_N 不小于3倍的电动机额定电流 I_{min} 来选用。

（2）用来控制小型三相异步电动机的低压负载开关,一般也可按照开关额定电流 I_N 不小于3倍电动机额定电流 I_{min} 来选用。

（3）用来控制小型三相异步电动机的低压熔断器,一般可按照其额定电流不小于电动机额定电流来选择即可。

（4）用来控制小型三相异步电动机的交流接触器,一般可按照其额定电流不小于电动机额定电流的 1.3~2 倍选择即可。

4）电动机绝缘电阻的测量

一般使用兆欧表测量电动机的绝缘电阻,以判断电动机的绝缘好坏。

对于新安装500V以下的三相笼型异步电动机,应使用1000V兆欧表测量其电阻,其电阻值应不小于 $1M\Omega$。

对于长期不用的 500V 以下的三相笼型异步电动机,可使用 500 V 绝缘电阻表测量绝缘电阻,其电阻值应不小于 0.5MΩ。

5)必须断开电动机的电源的情形

(1)运行中发生人身事故时。

(2)电动机启动器内冒烟或有火花时。

(3)电动机发生剧烈振动威胁电动机安全运行时。

(4)轴承温度超过允许温度值时。

(5)电动机温度超过允许值且转速下降时。

(6)发生两相运行时。

(7)电动机所带动的机械发生故障时。

(8)电动机传动装置失灵或损坏时。

(9)电动机内部发生冲击或扫膛时。

2.3.2 绕组故障判断

1. 绕组起末头混乱查找方法

对于重绕的三相异步电动机,有时可能出现三相绕组起末头混乱,这时只有正确查找出起末头才能正确接线。

1)交流感应法

将万用表打在电压 750V 挡,任意两相绕组按假定头尾串联后接在电压表上,另一相接 36V 电源,如图 2-7 所示,如电压表有读数说明串联的两相首尾是正确的,如无读数说明串联的两相头尾接反,调换一相接头重试。

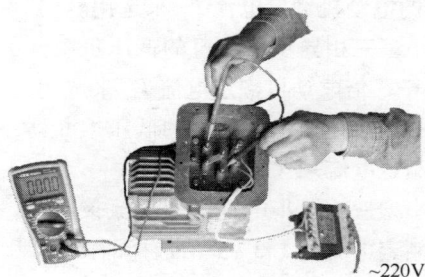

~220V

图 2-7　交流感应法查找起末头

2)直流点极性法

将万用表打在微安挡后接一相绕组两端,手持接干电池的直流电源,两端碰触一相绕组,如图2-8所示。瞬间观察微安表的指针,正偏说明蓄电池正极所接线头与万用表正接线柱所接线头同极性,反偏则反极性。

蓄电池

图2-8 直流点极性法查找起末头

2. 电动机三相绕组接地故障的判断

1)电笔法

先将电动机绕组通入220V交流电,用电笔测试电动机外壳,氖灯发光说明电动机绕组接地,如图2-9所示;打开引线(极相组)连线同样通入220V交流电,用电笔测试电动机外壳,氖灯发光的即为接地(相)极相组;最后打开组内连线,用同样方法确定接地点。

2)电流法

将36V调压电源的零线接在电动机接地端,将万用表打在电流最大挡,分别测量电动机3个接线端子与调压电源"+"接线柱间的电流,如图2-10所示。电流表有读数的一相即为接地相;然后电源相线分别接入接地相的起末头,准确读取此时的电流值,根据比例可计算得到接地点的准确位置。

~220V

图2-9 电笔法查找判断接地

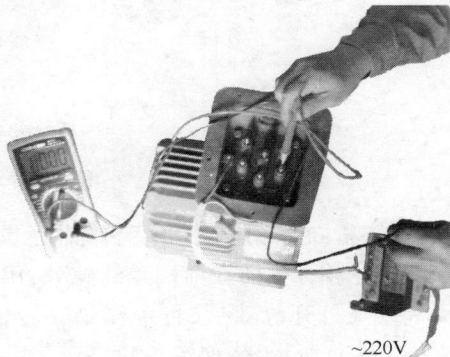

~220V

图2-10 电流法查找接地

2.3.3　电动机的机械检修

1.　三相交流电动机的拆卸

（1）拆卸风冷装置。用螺丝刀拆除风罩螺钉，取下风罩，如图2－11（a）所示；取出固定卡簧，用螺丝刀轻轻撬出风叶，如图2－11（b）所示。拆除轴承室轴承盖固定螺钉，卸下轴承盖，如图2－11（c）所示；拆除后端盖固定螺钉，如图2－11（d）所示。

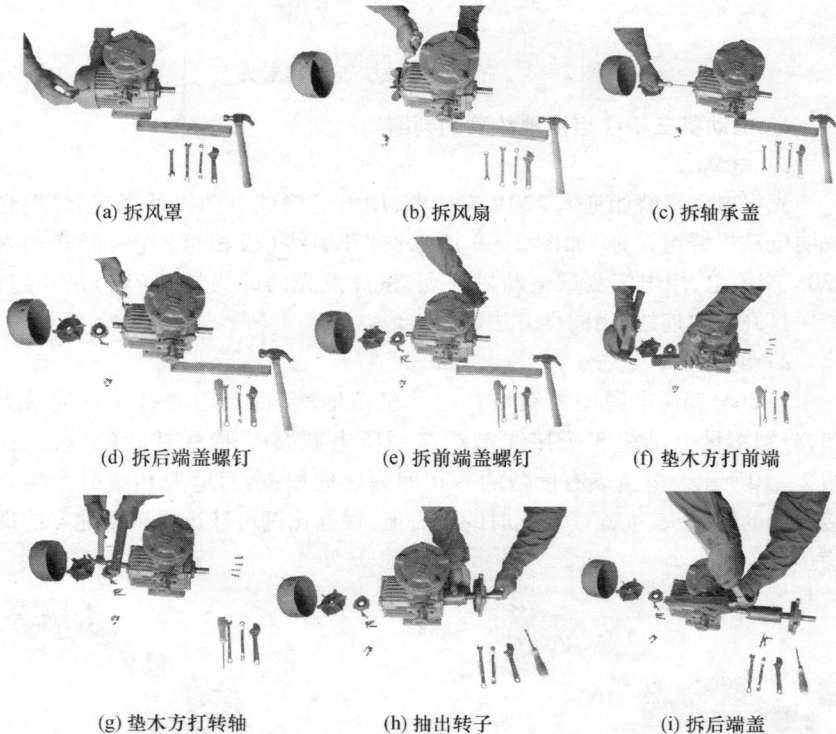

| (a) 拆风罩 | (b) 拆风扇 | (c) 拆轴承盖 |

| (d) 拆后端盖螺钉 | (e) 拆前端盖螺钉 | (f) 垫木方打前端 |

| (g) 垫木方打转轴 | (h) 抽出转子 | (i) 拆后端盖 |

图2－11　小型三相异步电动机的拆卸

（2）拆卸前端盖。用扳手拆除轴承盖和前端盖固定螺钉，如图2－11（e）所示；将木棒一头插在前端盖缝隙处，用铁锤敲打木棒，如图2－11（f）所示；待端盖打开缝隙后，将木棒垫在转轴非负荷侧，用手锤敲打木棒，如图2－11（g）所示；待前端盖脱离定子后，两手将带前端盖的转子抽出，如图2－11（h）所示。

（3）拆卸后端盖。将木棒一头插在后端盖缝隙处，用铁锤敲打木棒，直至将后端盖打掉，如图2-11(i)所示。

2. 滚动轴承的检修

1）轴承的拆卸

旋松拉马顶丝，将拉马的3个拉爪拉住轴承外圈，顶丝顶住轴端中心孔，如图2-12(a)所示。用扳手拧动顶丝，轴承就被缓慢拉出，如图2-12(b)所示。

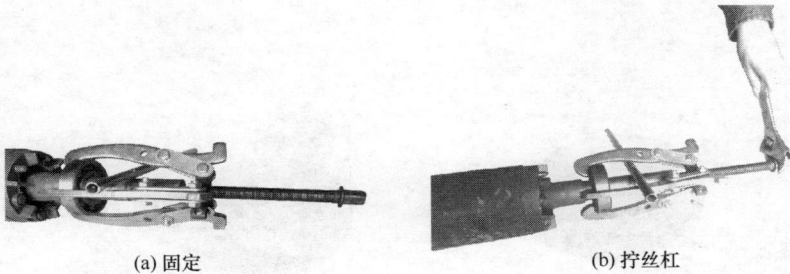

(a) 固定　　　　　　　　　　　　　　　　(b) 拧丝杠

图2-12　滚动轴承的拆卸

2）轴承清洗方法

（1）用木片或竹片刮除轴承钢珠（球）上的废旧润滑油，如图2-13(a)所示。

（2）用蘸有洗油的抹布擦去轴承内的残存废润滑油，如图2-13(b)所示。

（3）将轴承浸泡在洗油盆内约30min，如图2-13(c)所示，用毛刷蘸洗油擦洗轴承，直到洗净为止，如图2-13(d)所示。

（4）换掉洗油，更换新洗油，再清洗一遍，力求清洁。最后将洗净的转轴放在干净的纸上，置于通风场合，吹散洗油。

3）轴承加油方法

（1）用木（竹）片挑取润滑油，刮入轴承盖内，用量占油腔60%～70%即可。

（2）仍用木（竹）片刮取润滑油，将轴承的一侧填满，用手刮抹润滑油，使其能封住钢珠（球），如图2-14(a)所示。多余的润滑油将从轴承另一侧溢出，如图2-14(b)所示，用手在另一侧刮除润滑油，使其封住另一侧钢珠（球）。

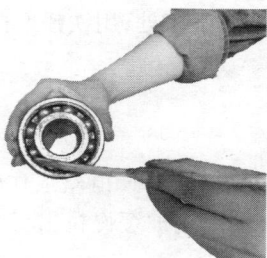 

(a) 刮油   (b) 擦油

 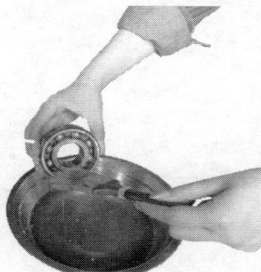

(c) 浸泡   (d) 刷油

图 2 – 13   轴承的清洗

(a) 抹油   (b) 效果

图 2 – 14   轴承的加油方法

4）轴承的安装

（1）热装法。通过对轴承加热,使其膨胀,里圈内径变大后,套在轴的轴承挡处。冷却后,轴承内径变小,从而与轴形成紧密配合。轴承加热温度应控制在 80～100℃,加热时间视轴承大小而定,一般 5～10min。加热方法有油煮法、工频涡流加热法和烘箱加热 3 种。

（2）冷装法。一种是用套筒敲击的方法：选一段内径略大于轴承内径、厚度略超过轴承内圈厚度、长度大于轴承、外端面到轴伸端面距离的无缝钢管，将其内圆磨光，一端焊上一块铁板或塞上一个蘑菇头状的铁块抵在轴承内圈上，用锤子击打套筒顶部将轴承推到预定位置，如图2－15（a）所示；另一种是用木（铜）棒敲击的方法：将木（铜）棒沿圆周一上一下、一左一右的对称点击打，如图2－15（b）所示。

(a) 用套筒安装滚动轴承　　　　　(b) 用木（铜）棒安装滚动轴承

图2－15　轴承冷装方法

2.4　三相异步电动机的控制与电路故障处理

2.4.1　三相异步电动机启动方式

异步电动机从接通电源至达到额定转速的过程称为启动过程。这个过程虽然很短（一般为几分之一秒至数秒），却有着和正常运行时不同的特点：①启动时的电流很大，一般可达电动机额定电流的4~7倍；②启动时的转矩较小，通常只有额定转矩的0.95左右。

1. 启动电流带来的影响

（1）很大的启动电流会在线路上产生较大的电压降，使负载两端的电压短时间降低，从而使电动机的启动转矩变小。如果这时启动转矩小于负载启动时所需的转矩，电动机将无法启动，如不及时拉开电源，电动机将因长时间通过大电流而烧坏。有时虽然启动转矩稍大于负载启动的所需转矩,但却因启动时间过长,增大了电动机的发热机会。

(2)一台电动机启动时造成负载端电压的下降,会影响邻近的其他负载,并造成不良影响。例如,对照明负载会造成灯光闪烁现象,对其他电动机负载,也会因电压下降使转矩减小而造成转速变慢,严重时还会使其他电动机停下来。

(3)如果启动过程顺利,启动电流一般不会造成电动机过热。因为启动电流虽然很大,但正常的启动过程是很短的,随着电动机开始转动并达到额定转速,电动机的电流很快就会降下来,这段很短的时间产生的热量很小,来不及使电动机发热。但对于启动频繁的电动机,则有可能积蓄起较大热量使电动机过热,所以应避免电动机的频繁启动。

2. 三相异步电动机常用的启动方式

三相异步电动机常用的启动方式有直接启动和降压启动两种。

1)直接启动

直接启动也称为全压启动,也就是电动机在额定电压下直接进行启动,图 2 – 16 所示为直接启动实物接线。一般来说,容量在 14kW 及以下的电动机都可以采用直接启动。直接启动的异步电动机单台最大容量不应大于供电变压器容量的 20% ~ 30% 。有时用下面的经验公式来判断电源容量能否允许电动机直接启动,即

$$\frac{I_q}{I_e} \leqslant \frac{3}{4} + \frac{P_s}{4P_e}$$

式中:I_q 为电动机启动电流(A);I_e 为电动机的额定电流(A);P_s 为电源变压器容量(kVA);P_e 为电动机额定功率(kW)。

2)降压启动

为了减小启动电流,在电动机启动时,先用降压设备把加到电动机上的电压适当降低,等电动机转速达到或接近额定转速时,再改为额定运行,这种启动方式称为降压启动。常用的降压启动方式有 Y – △降压启动、自耦降压启动和串联电阻或电抗器启动。

(1)Y – △降压启动。凡是要求正常运行时接成三角形运行的笼型异步电动机,在启动时,将三相定子绕组连接成 Y 形,待电动机启动后,转速达到或接近额定转速时,再将三相定子绕组改成△连接进入正常运行,这种启动方式称为 Y – △降压启动,图 2 – 17 是 Y – △降压启动电路实物。它所使用的启动设备称为 Y/△启动器。采用此种方法启动时,启动电压降

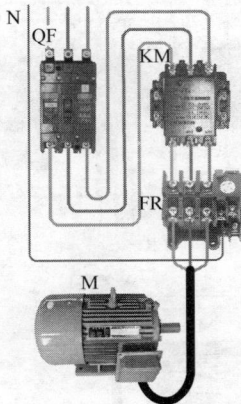

图 2 - 16　单向直接启动
电路实物

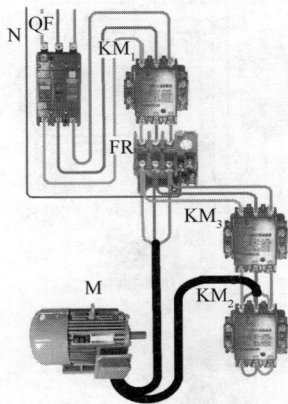

图 2 - 17　Y - △降压启动
电路实物

到 $\frac{1}{3}$ 额定值,而启动电流降低到 $\frac{1}{3}$ 额定值,启动转矩也降低到 $\frac{1}{\sqrt{3}}$ 额定值。

（2）自耦降压启动。这种启动方式是在启动过程中利用了一台自耦变压器来降低电动机的端电压,从而达到降低启动电流的目的,图 2 - 18 是自耦变压器降压启动实物。启动自耦变压器通常有两个抽头（一般可使电源电压降至 80% 和 65%）,可根据启动转矩选用。

当自耦变压器接到"80%"抽头时,电动机启动电压减少至额定的80%,而此时线路上的启动电流也减小到直接启动时的 0.8^2,即 64% 补偿效果明显。

（3）串联电阻或电抗器启动。电动机启动时在三相定子绕组引出线上串联电阻或电抗器,使电动机端电压降低,减小启动电流,图 2 - 19 是单向定子串接电抗器启动实物。启动结束后,使电动机直接接至电源上运行。采用这种启动方式时,串联电阻上要消耗较大的电能,一般仅用于小容量的电动机。而串联电抗器则基本不消耗电能,效果更好。

2.4.2　控制电路故障检查方法

1. 农电常用控制电路

1）单向直接启动电路（图 2 - 20）

原理分析：合上断路器 QF,按下 SB_1,接触器 KM 得电吸合并自保,主触

59

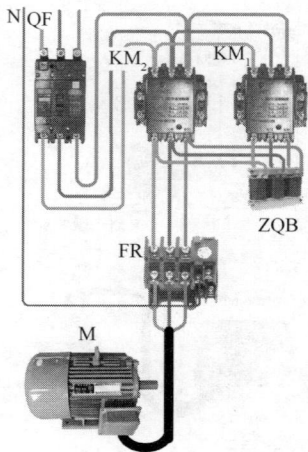

图 2 - 18　自耦变压器
降压启动实物

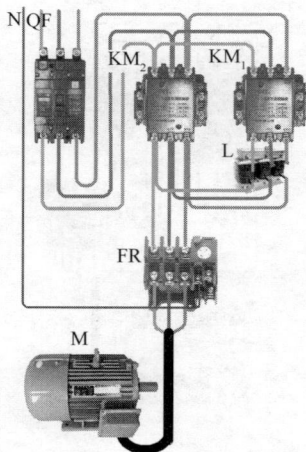

图 2 - 19　单向定子串接
电抗器启动实物

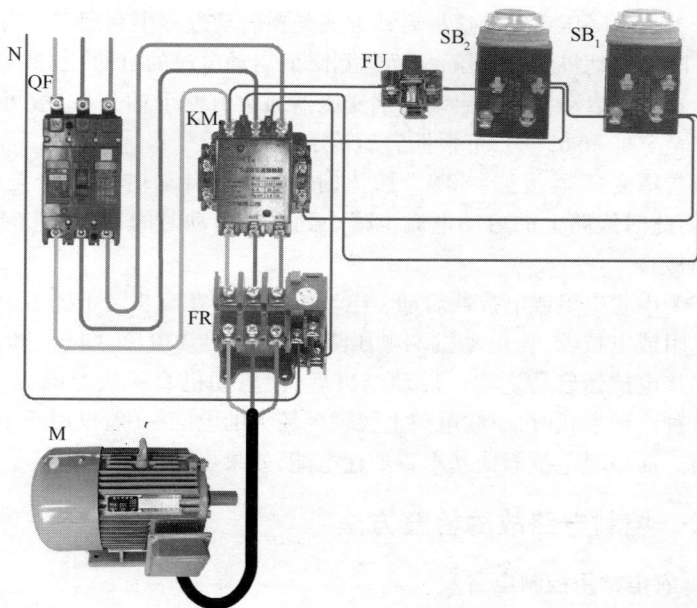

图 2 - 20　单向直接启动电路

点 KM 闭合,电动机运行,其动合辅助触点闭合用于自保。停车时按下 SB$_2$,接触器 KM 失电释放,主触点 KM 断开,电动机停转。

2）带指示灯的自锁功能的正转启动电路（图 2 – 21）

原理分析:合上断路器 QF,指示灯 HLG 亮。按下 SB$_1$,接触器 KM 得电吸合并自锁,主触点 KM 闭合,电动机启动运行,其动合辅助触点闭合,一对用于自锁,一对接通指示灯 HLR,HLR 亮,KM 的动断触点断开,HLR 灭。停车时按下 SB$_2$,接触器 KM 失电释放,主触点 KM 断开,电动机停转。这时 KM 的动开触点闭合,指示灯 GLR 亮,HLG 灭。

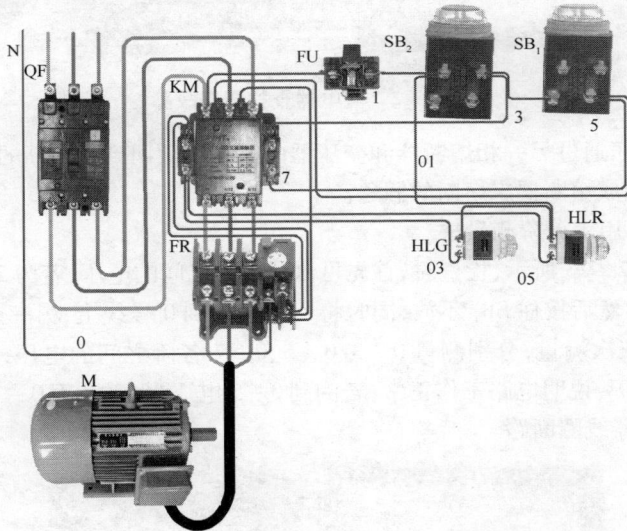

图 2 – 21　带指示灯的自锁功能的正转启动电路

2. 断路故障判断方法

1）验电器法

如图 2 – 22 所示。按下按钮 SB$_1$,用试电笔依次测试 1、3、5、7（参照图 2 – 21,下同）各点,测量到哪一点验电器没有显示即为断路处。

测试注意事项如下。

（1）采用氖管验电器对一端接地的 220V 电路进行测量时,要从电源侧开始,依次测量,且要注意观察试电笔的亮度,防止因外部电场、泄漏电流引起氖管发亮,而误认为电路没有断路。

（2）当检查 380V 并有变压器的控制电路中的熔断器是否熔断时,要防

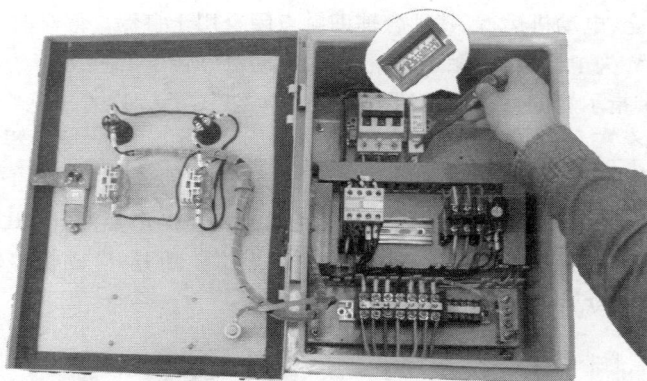

图 2 - 22　验电器查找断路故障

止电源电压通过另一相熔断器和变压器的一次线圈回到已熔断的熔断器的出线端,造成熔断器未熔断的假象。

2）万用表分阶测量法

如图 2 - 23 所示,检查时,首先可测量 1、0 点间的电压,若为 220V 说明电压正常,然后按住 SB$_1$ 不放,同时将一表棒接到 0 号线上,另一表棒接 3、5、7 线号依次测量,分别测量 0 - 3、0 - 5、0 - 7 各阶之间的电压,各阶的电压都为 220V 说明电路工作正常;若测到 0 - 5 电压为 220V 而 0 - 7 无电压,说明接触器线圈断路。

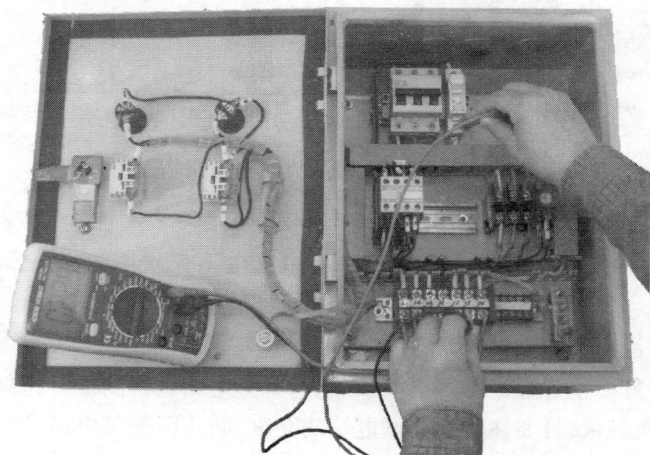

图 2 - 23　电压分阶测量法查找断路故障

3）电阻分阶测量法

如图 2 - 24 所示。按下 SB_1，KM 不吸合说明电路有断路故障。首先断开电源，然后按下 SB_1 不放，可用万用表的电阻挡测量 1 - 0 两点间的电阻，若电阻为无穷大，说明 1 - 0 之间电路断路，然后分别测量 1 - 3、1 - 5、1 - 7、1 - 0 各点之间的电阻值，若某点电阻值为 0（或线圈电阻值）说明电路正常；若测量到某线号之间的电阻值为无穷大，说明该触点或连接导线有断路故障。

图 2 - 24　电阻分阶测量法

4）局部短接法

如图 2 - 25 所示。按下 SB_2 时，KM_1 不吸合，说明该电路有断路故障。

检查时，可先用万用表电压挡测量 0 - 1 两点之间的电压值，如电压正常，可按下 SB_1 不放，然后手持一根带绝缘的导线，分别短接 1 - 3、3 - 5、7 - 0，当短接到某两点时，接触器吸合，说明断路故障就在这两点之间。

图 2 - 25　局部断路法查找断路故障

注意事项如下：

由于局部短接法是用手拿着绝缘导线带电操作，因此一定要注意安全，以免发生触电事故。

局部短接法只适用于检查压降极小的导线和触点之间的断路故障，对于压降较大的电器，如电阻、接触器和继电器线圈、绕组等断路故障，不能采用短接法；否则就会出现短路故障。

对于机床的某些要害部位，必须确保电气设备或机械部位不会出现事故的情况下，才能采用局部短接法。

第3章 变压器

3.1 变压器的结构与工作原理

3.1.1 变压器的结构

变压器的基本结构包括器身(铁芯、绕组、绝缘、引线及调压装置)、油箱(油箱本体、附件及有载调控部分)、冷却装置、保护装置、出线套管及变压器油等。新型10/0.4kV小型密闭式配电变压器外形如图3-1所示。

图3-1 变压器外形

1—油位计;2—高压套管;3—中性套管;4—温度计插孔;5—散热器;6—放油阀。

1. 铁芯

变压器的磁路部分,由0.35mm或0.5mm硅钢片制成。

2. 绕组

变压器的电路部分,由带绝缘的导线制成。

3. 油箱及其他附件

油箱内装有变压器油,起到绝缘和冷却的作用。

4. 套管

经过套管将引线从油箱内引出油箱外,起到绝缘作用。

5. 油位计

在 YW 管式油位计的中部有一个观察窗,正常情况下显示蓝色,当油面下降时变为红色。在其顶部有一个 YSF8 - 35/25 型压力释放阀,当变压器内部压力达到动作值时释放阀打开。

6. 温度计

用于测量变压器的上层油温。

3.1.2 单相变压器工作原理

当一次电压 u_1 加到绕组 W_1 两端时,流过的电流就在铁芯中产生磁通 Φ,这个磁通将在二次绕组 W_2 中感应电动势 e_2,此 e_2 也是交变的,即按正弦规律变化,这样,能量就通过这一装置进行传输,见图 3 - 2。

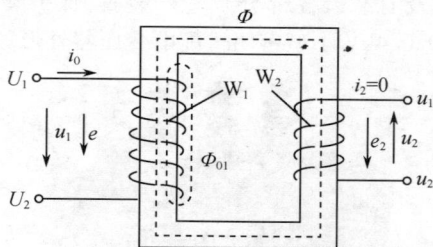

图 3 - 2 空载运行示意图

3.1.3 技术参数

1. 型号

根据国家标准规定,电力变压器的分类和型号如表 3 - 1 所列。

在变压器型号后面的数字部分,分子表示容量(kVA);分母表示一次侧额定电压(kV)。

表 3 - 1 电力变压器的分类和型号

分类	类别	代表符号	
		新符号	旧符号
耦合方式	自耦	O	O
相数	单相	D	D
	三相	S	S

66

分类	类别	代表符号	
		新符号	旧符号
冷却方式	风冷式	F	F
	油浸风冷	F	F
	干式空气自冷	G	K
	干式绕组绝缘	C	C
	强迫油循环	P	P
线圈数	双线圈	—	—
	三线圈	S	S

2. 额定容量 S_N

它指在额定条件下,变压器的输出能力即变压器副边的额定电压与额定电流的乘积,为视在功率(kVA)。

3. 额定电压 U_{1N} 和 U_{2N}

变压器在额定运行情况下,根据其绝缘强度允许温升规定的原边线电压值,称原边额定线电压 U_{1N},变压器空载时的副边线电压的保证值,称为副边额定电压 U_{2N}。

4. 空载电流 I_{10}

它指当变压器空载运行时,即副边开路原边施加额定电压时的电流值,一般用百分数(即 $\frac{I_{10}}{I_{1N}} \times 100\%$)表示。

5. 空载损耗 ΔP_0(kW)

变压器在空载状态时所产生的损耗,主要由铁芯的磁滞损耗和涡流损耗引起,所以又称铁损耗。

6. 短路电压 U_d

当副边短路,在原边施加额定电流时的电压称为短路电压,又称阻抗电压,一般都用额定电压的百分数(即 $\frac{U_{10}}{U_{1N}} \times 100\%$)表示。

7. 短路损耗 ΔP_d(kW)

当副边短路,在原边通过额定电流时所产生的损耗,称为短路损耗,又称铜耗。

3.2 配电变压器的安装

3.2.1 配电变压器的选择

配电变压器的选择一般包括容量、型号、安装位置和安装方式等内容。

1. 容量的选择

（1）所选择的变压器容量，既能满足用电需求，又能使容量得到合理的利用。也就是在高负载时不出现过载，又要使负载系数（实际用电负载/额定容量）能经常保持在 30% 以上。

（2）在选择容量之前，必须做好负载统计工作。包括总用电设备容量，其中排灌、脱粒、农副产品加工、生活用电各自容量、最大一台电动机容量以及近 5 年的电力发展计划等，以便确定变压器的容量和台数。

（3）在确定变压器的容量和台数时，要本着"小容量、密布点、短半径"的原则，尽量采用多台分布的小容量布局方式，避免单台大容量布设，以免引起供电范围过大，低压线路供电半径过长，增加线路建设投资，造成低压线损过大、运行费用和电价偏高的局面。

（4）选用变压器时，必须选用节能型产品，如选用 S11 系列低损耗变压器。

（5）根据负载的性质、季节性和用电需求设置专用变压器，如电灌站、大型副业加工等，以满足生产和调节负载的需要。

2. 容量选择的常用方法

1）最大负载的计算方法

$$S_N = \frac{K_S \sum P_L}{\eta \cos \varphi}$$

式中：S_N 为变压器额定容量（kVA）；$\sum P_L$ 为计划年内负载功率（kW）；K_S 为同时率，是同一时间内用电的实际负载容量之和占总装机容量的比值，对于以动力用电为主的变压器 K_S 取 0.6～0.8，以生活、照明用电为主的变压器 K_S 取 0.5～0.7；$\cos \phi$ 为功率因数，取 0.8；η 为变压器的效率，一般取 0.8～0.9。

这种方法适用于在计划年限内电力发展目标明确、变动不大的情况及起始年的负载不低于变压器容量 30% 的情况。

2）容载比的计算

若电力发展计划不太明确或实施的可能性波动较大，则可依当年的用

电情况来确定,即

$$S_H = R_S P_H$$

式中:S_H 为配电变压器在计划年限内(5 年)所需容量(kVA);P_H 为当年的用电负载(kW);R_S 容载比,一般不大于 3。

容载比可按下式估算,即

$$R_S = \frac{K_1 K_4}{K_3 \cos \varphi}$$

式中:K_1 为负载分散系数,农村低压电网取 1.1;K_3 为配电变压器经济负载率,取 0.6 或 0.7;K_4 为电力负载发展系数,一般取 1.3 ~ 1.5。

3. 型号的选择

变压器的型号很多,不同型号的变压器,其技术性能和自身的损耗不同,在满足使用要求的前提下,应优先选用损耗低的节能型产品,目前广泛应用的节能型配电变压器有 S9、S11 系列的铜绕组低损耗变压器,应优先选用这些节能产品。

4. 安装位置的选择

农村低压电网一般采用放射型单向供电,配电变压器的最佳位置应能使低压电网的线损、线路投资和消耗的材料最少。供电半径一般不应大于 0.5km。

选择配电变压器位置时应从以下方面进行综合考虑。

(1) 靠近负载中心。

(2) 避开易燃、易爆场所。

(3) 避开污秽地带。如采石、粉碎、石灰、水泥、烧砖、铸造、冶炼、化工以及化肥等场所。

(4) 高压进线、低压出线方便。主要考虑高、低压进出线杆的设置和导线对地、对周围建筑物的水平、垂直安全距离。

3.2.2 配电变压器的安装及要求

农用配电变压器常用的安装方式有杆架式、地台式、地式、室内配电室等几种。

1. 杆架式变压器的安装及要求

在农村,较小容量(如 100kVA 以下)的配电变压器,可以采用杆架安装的方式,这种安装方式的优点是比较安全、结构简单、安装方便、占地面积小、节省资金。杆架式变台通常有单杆式和双杆式两种。

（1）单杆式变压器一般用于容量在 50kVA 及以下的小容量变压器，这种变台是将变压器、高压跌落式熔断器和高压避雷器等装在一根电杆上。安装方法如图 3-3 所示。

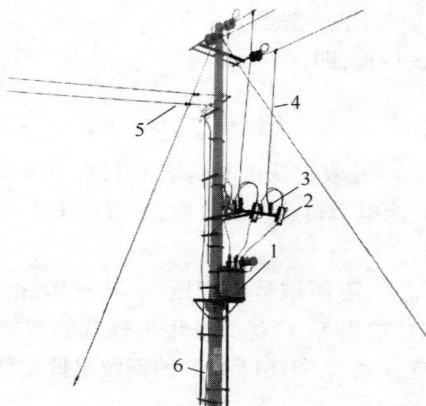

图 3-3　单杆变压器安装

1—变压器；2—高压跌落式熔断器；3—高压避雷器；
4—高压引下线；5—低压引出线；6—接地引下线。

（2）双杆式变压器一般用于容量在 50～100kVA 的变压器，它由高压线路的下户线杆和另一根长 8m 左右的副杆组成，其安装图如图 3-4 所示。

（3）杆架式变台应满足以下安装技术要求。

① 变台应设在负载中心或大用户附近，既要考虑检修方便，又要避开车辆和行人较多的场所。

② 电杆埋设深度不宜小于 2m；吊装变压器要使用吊车；安装要牢固。

③ 高、低压引下线应采用耐气候型绝缘导线。其截面不应小于 25mm²。

④ 引下线的线间距离不应小于：高压为 300mm；低压为 150mm。

⑤ 变压器托架应有足够的机械强度，应能足够承受变压重量和检修人员的重量。

⑥ 变压器托架底部距地面的距离不应小于 2.5m，即人的伸手高度。

⑦ 变台上应设设"止步，高压危险！"或"禁止攀登，高压危险！"的警告牌，警告牌应设在距地面 2.5～3.0m 的明显部位。

⑧ 变压器底座与托架应固定牢靠，必要时上部也应用铁丝与电杆绑牢。

⑨ 高压跌落式熔断器距地面的高度不应小于 4m，相间距离不应小于 350mm。高压跌落式熔断器的安装角度一般为 25°～30°

图 3 - 4　双杆变压器安装

1—变压器；2—高压跌落式熔断器；3—高压避雷器；4—低压熔断器；5—测杆；

6—高压引下线；7—低压引出线；8—高压针式绝缘子。

⑩ 变压器的外壳及托架应可靠接地；避雷器的相间距离不应小于350mm。

⑪ 变压器安装后，套管表面应光洁，不应有裂纹、破损等现象；套管压线螺栓等零件应齐全。

2. 地台式变压器的安装及要求

这种变台可用砖或石头砌成。如图 3 - 5 所示。台高在 2.5m 左右，台面一般为 3m×2.5m 长方形。整个地台为一个房间，室内摆放低压配电盘，前面设有门窗，前后设有百叶窗，以供通风降温；门口装设挡鼠板以防小动物进入。

图 3 - 5　地台式变压器安装

3.3 配电变压器的运行与维护

3.3.1 变压器的检查与运行

1. 变压器投入运行前应进行的检查

（1）检查变压器的铭牌及试验单，看看是否是合格的变压器；各项指标是否达到了规定标准；并联运行的变压器还要查看是否符合并联运行条件。

（2）检查变压器外壳接地是否良好，用接地兆欧表测量接地装置的接地电阻是否合格（100kVA 及以上的不大于 4Ω，100kVA 以下的不大于10Ω）。

（3）检查油面是否在油标所指示的正常范围以内，有无渗漏油现象，油标是否畅通，呼吸孔是否畅通。

（4）高低压套管及引线是否完整，螺钉是否松动。

（5）无载调压开关的位置是否正确，接触是否良好。

（6）高、低压熔丝选用是否合适，避雷器是否装妥。

（7）检查各种仪表是否齐全，接线是否正确。

（8）用 1000~2500V 兆欧表测量变压器的绝缘电阻，其绝缘电阻允许值应达到表 3-2 的要求。

表 3-2　10kV 配电变压器的绝缘电阻允许值　（单位：MΩ）

温度/℃ 测量项目	10	20	30	40	50	60	70	80
一次对二次	450	300	200	130	90	60	40	25
一次对地	450	300	200	130	90	60	40	25
二次对地	2				1			

2. 变压器的正确停送电

（1）无论在什么情况下，变压器不允许带负载拉、合高压跌落式开关，以防止引起短路或烧伤事故。

（2）为了安全，请严格执行变压器的下列停电操作顺序。

① 先停二次侧，后停一次侧。

② 在停二次侧时，必须是先停分路开关，再停总开关。

③ 为防止误操作，在拉开高压开关时要先检查低压开关是否在拉开

位置。

④ 为防止风力作用造成相间弧光短路,在停跌落式开关时,应先拉中相,再拉背风相,后拉迎风相。

(3)为了安全,请严格执行变压器的下列送电操作顺序。

① 送电操作顺序与停电相反,即先送一次侧,后送二次侧。

② 在合一次侧跌落式开关时,应先合迎风相,再合背风相,最后合中相。

③ 在合二次侧开关时,应先合低压侧总开关,后合低压分路开关。

(4)无论是停电操作还是送电操作,都应注意以下几点。

① 操作要使用合格的安全工具,操作要有专人监护。

② 变压器只有在空载状态下才允许操作一次侧跌落式开关。

③ 尽量不要在雨天或大雾天操作变压器,以免发生大的电弧。

3. 无载调压开关的正确操作方法

(1)先将变压器停电,并采取相应的安全措施。

(2)旋出调压开关上风雨罩的圆头螺钉,取下风雨罩。

(3)根据电压情况,确定要调节的挡位。

(4)因分接开关的分接头长期处于变压器油中,很可能产生氧化膜,容易造成调整后接触不良,所以在变换分接头时,应正、反方向反复转动几次,以便消除触点上的氧化膜及油污,然后将分接头固定在所需要的位置。

(5)为防止调整后接触不良,切换完分接头后,还应用电桥或万用表测量绕组的直流电阻。部颁标准规定,1600kVA 及以下的变压器,各相绕组的电阻,相间差别一般不大于三相平均值的 4% ,线间差别一般不大于三相平均值的 2% ,测得的相间差与以前相应部位测得的相间差比较,其变化不大于 2% 。

(6)测量完毕后,应先对绕组放电,然后再拆测量接线,以防发生残余电荷触电事故。

(7)若测得结果一切正常,则可以检查锁紧位置,盖上风雨罩,使变压器投入运行,并对分接头的变换情况做好记录。

4. 配电变压器的运行标准

(1)允许温升。油浸式变压器运行中的顶层油温不应超过 85℃ ,最高不得高于 95℃ ,温升不得超过 55℃ ,顶层油的温升不宜经常超过 45℃ 。

(2)允许负载。变压器一般不允许过载运行。变压器过载运行会使温度升高。决定变压器使用寿命的主要因素是绝缘的老化程度,而温度对绝缘老化起着决定性的作用。研究结果证明,工作时的温度每升高8℃时,其寿命就会减少一半。只有在特殊情况及高峰负载时允许有适量的过负载,过负载的倍数和允许的持续时间见表3-3。

表3-3　变压器允许过负载时间　　　　（时:分）

过负载倍数	过负载前顶层油的温升/K					
	18	24	30	36	42	48
1.05	5:50	5:25	4:50	4:00	3:000	1:30
1.1	3:50	3:25	2:50	2:10	1:25	0:10
1.15	2:50	2:35	1:50	1:20	0:35	
1.2	2:05	1:40	1:15	0:45		
1.25	1:35	1:15	0:50	0:25		
1.3	1:10	0:50	0:30			
1.35	0:55	0:35	0:15			
1.4	0:40	0:10				
1.45	0:25	0:10				
1.5	0:15					

（3）三相负载平衡。接线组别为Yyno的配电变压器,三相负载应尽量平衡,不得仅有一相或两相单独供电,中性线的电流不应超过低压侧额定电流的25%。

5. 减少变压器空载损坏的方法

（1）及时停用无负载的变压器。

（2）合理控制变压器的运行台数。

（3）采用母子式变压器,当负载减少时,可根据需要及时切换成小容量变压器。通常,变压器负载系数小于30%时,就应更换较小容量的变压器。

6. 运行中变压器巡视检查的规定

配电变压器在运行中要定期进行检查,每两个月至少检查一次。变压器停用后和送电前都应进行检查。大风、大雾、雨雪天气时应增加检查次数。

7. 变压器的特殊巡视

变压器除了进行正常的定期检查外,还应进行必要的特殊检查。如雷雨过后重点检查套管有无破损或放电痕迹,高压熔丝是否完好。大风过后,应检查变压器的高、低压引线有无剧烈摆动现象,连接处是否松脱或晃动,有无其他杂物刮到变压器上；必要时应定期进行夜间巡视，检查套管有无放电，引线、导电杆连接处、高压跌落式熔断器和低压熔断器有无烧红、放电等白天不容易发现的缺陷。

8. 变压器声音的判断

变压器正常运行时声音应当清晰、均匀且有规律的"嗡嗡"声，若有不正常声音说明变压器内部有缺陷或低压线路有故障。试听声音时，可将绝缘杆的一端触在变压器外壳上，另一端贴紧耳朵，这样听起来声音更清楚。

（1）声音比平时沉重，但无杂声，一般为变压器过负载引起，过负载也是引起变压器烧坏的主要原因，应设法适当减轻变压器的负载。若低压线路有短路故障也会出现上述情况，因此，应对低压线路进行检查。

（2）声音尖锐。一般为变压器电源电压过高引起。电源电压过高不利于变压器的运行，对用户用电设备也不利，还会增加变压器的铁损。因此，应及时向供电部门报告。

（3）声音嘈杂、混乱。变压器内部结构可能有松动。若主要部件有松动会影响变压器的正常运行，应及时检修。

（4）出现"噼啪"的爆裂声。可能是变压器绕组或铁芯的绝缘有击穿现象。这种情况会造成严重事故，应立即停电检修。

（5）有时由于系统短路或接地，因通过大量的短路电流，也会使变压器发出很大的噪声。

（6）有时由于铁芯谐振，会使变压器发出粗、细不匀的噪声。

（7）有时因跌落式熔断器触点接触不良，无载调压分接开关接触不良，也会引起杂声。

9. 运行中变压器发生紧急事故应立即停电处理的情况

（1）变压器内部有异常声音、放电声、冒烟、喷油和过热现象。

（2）负载、环境温度正常，上层油温超过了允许值。

（3）漏油、严重渗油，油标上见不到油面。

（4）绝缘油严重老化，油色显著变黑，出现大量明显的炭质时。

（5）导电杆端头过热，烧损、熔接。

（6）瓷件有裂纹、击穿、烧损，瓷群损伤面积超过 $100mm^2$。

10. 运行中变压器油面高度的正确观察

变压器正常运行时的油面应在油位计的 $1/4 \sim 3/4$ 之间。正常情况下油位略有上升或下降是因温度变化造成的，若油面显著下降，甚至从油位计中看不到油位，这是因为变压器出现了漏油、渗油现象，往往是因为变压器油箱损坏,油门没有拧紧,变压器顶盖没有盖严、油位计损坏等原因造成的。油位太低会加速变压器油的老化,使变压器绝缘情况恶化,进而引起严重后果。所以要及时添加油,如渗、漏油严重,应将变压器停止运行进行修理。

11. 运行中变压器油色的正确观察

新变压器油的颜色应呈浅黄色,运行后应呈浅红色。若油色变暗,说明变压器的绝缘有老化现象;若油色变黑,油中含有炭质,甚至有焦臭味,说明变压器内部有故障,如铁芯局部烧坏、线圈相间短路等,这将会导致严重后果,应将变压器停止运行进行修理,更换合格的变压器油。

12. 变压器油温的正确观察

变压器的油温可以通过箱盖上的玻璃温度计来观察,若变压器上层油温超过了允许值,可能是因为变压器过负载、散热不好引起。当变压器的电压、电流、周围环境温度没有异常时,而温度比过去高出 10℃ 以上,或者变压器负载不变,油温不断上升,可判定为变压器内部有故障,如铁芯严重短路、绕组匝间短路等,使油温过高会损坏变压器的绝缘,严重的会烧坏整个变压器,因此,一旦发现变压器的油温过高,应采取减轻负载、停止运行进行修理等相应措施。另外,在检查变压器的油温时要注意安全距离,人体与高、低压导电部分的距离不得小于 0.35m。

13. 运行中变压器套管、引线的正确观察

正常运行的变压器套管应清洁、无裂纹、无破损和无放电痕迹。导线和导电杆的连接螺栓应紧固且无变色现象。若套管表面不清洁或有裂纹和破损时,会造成套管表面有泄漏电流,在阴、雨、大雾等天气里泄漏电流会增大,甚至造成对地放电现象。轻则发出"吱吱"的闪络声,较严重时还会发出"噼啪"的放电声,很容易因对地放电而将套管击穿,造成变压器引出线一相接地。因此,发现套管对地放电时,应将变压器停止运行更换套管。还要注意套管上是否落有杂草、树枝或其他杂物,若套管之间搭接有导电的杂物,有时会造成套管间放电,发现异常,要迅速采取措施,注意及时清除。引线和导电杆发热后也会变色,在晚上检查时甚至会发现有烧红的现象。

14. 变压器三相负载不平衡的处理方法

(1)为了保证变压器的合理运行,三相变压器每相负载的分配应保证在一天大部分时间和高峰负载期三相基本平衡。满足三相负载电流不平衡度不大于15%,中性线电流不得超过额定电流25%的规定。

(2)在新安装负载接线时,要按实际负载统计,把三相负载配置均衡。

(3)对运行的变压器,要注意及时观察测量其负载电流。对装有分相电流表的随时都可以看出负载分配情况;对于没有装分相电流表的,可用钳型电流表测量各相或中性线的电流,并根据实测情况及时把负载调整到基本平衡状态。

3.3.2　变压器的维护与维修

1. 变压器油取样的正确方法

为了检查变压器的绝缘状况,配电变压器的油质应每 3 年进行一次检验,正确的取样方法如下:

(1)取油样时,应在天气干燥时进行。取油样的瓶子须经干燥处理,防止带入水分。

(2)油量应一次取够,根据试验的需要,做油的耐压试验时,油量不少于 0.5L;做简化试验时,油量不少于 2L。

(3)取油样时,应在变压器下部放油阀处,先放出少量油,擦净阀门。用取出的变压器油冲洗样瓶两次,然后方可灌瓶取样。

(4)灌瓶前,把瓶塞用净油洗干净,将变压器油灌入瓶后,立即将瓶盖盖好,并用石蜡封严瓶口,以防受潮。

2. 正确添加变压器油的方法

(1)加入的变压器油,要求与运行中变压器内绝缘油的牌号一致,并经试验合格。

(2)加油前应将储油柜内储存的油进行排污,排污应直到没有水分和杂质为止。

(3)加油应从变压器储油柜上的注油孔处进行,加油量应按照油位表刻度加到合适的位置。

(4)对较大容量的变压器,补油过程中,应及时排放油中的气体,运行 24h 之后方可将重瓦斯投入运行。

(5)加油后应检查油孔螺钉是否拧紧,并检查进出气孔是否畅通,防止雨水进入。

3. 变压器发生火灾事故的处理方法

发生变压器火灾时,首先要断开电源,并迅速用不导电的灭火器或干燥的沙子灭火。严禁用水或其他导电的灭火器灭火。

若油溢到油箱盖上着火,可打开下部放油门,使油位适当降低。

若变压器内部故障引起着火,则不能放油,以防变压器爆炸。

4. 变压器的熔丝经常熔断的原因

（1）低压熔丝熔断的原因可能会有 3 个方面,即低压线路短路、二次侧负载过大及熔丝规格选择偏小。

（2）高压熔丝熔断的原因可能是:避雷器安装在高压熔丝内侧,遭雷击时熔丝熔断;变压器内部发生断路故障;低压熔丝选用规格过大,当二次侧有故障时发生越级熔断;高压熔丝本身规格选择偏小。

5. 测量负载的方法

长期过负载是烧坏变压器的主要原因,测量负载应选在用电高峰期进行,看其是否有超负载运行的情况,测量时应分别测量二次侧的三相负载,若三相负载相差很大,要及时做好三相负载的平衡调整,因为在三相负载不平衡的情况下运行,会造成有的相过载,有的相欠载,同时也会增大电能损耗。

6. 变压器烧毁的主要原因

若运行中的变压器发出轰鸣声,并伴有喷油、冒烟甚至着火现象时,说明变压器已经烧毁,发生这种事故的主要原因有以下几个。

（1）变压器本身绝缘老化,绝缘性能破坏,发生了内部故障而引起烧毁。

（2）遭雷击烧毁。变压器应设有防止雷击过电压损坏的避雷装置(如避雷器),如果雷击产生的高电压值超过了所选用避雷器的额定保护能力,或避雷器本身就不合格,则变压器会遭受雷击。所以要求选择适当的避雷器,且应定期试验合格。避雷器接地应良好,接地电阻应符合标准;否则也会因雷电流泄漏不及时而引起变压器的雷击烧毁事故。

（3）因二次侧过负载或低压线路发生断路而烧毁。这种情况在农村用电中最为常见,农忙季节用电集中,用电量过大,往往会造成变压器长时间过负载运行而烧坏变压器,农村低压线路维护管理不善也会发生短路故障而烧毁变压器。所以,变压器要严禁长时间过负载运行,而且应严格按要求配置适当的高、低压熔丝,不得选择过大的熔丝,以免电流过大时熔丝没有熔断而烧毁变压器。

（4）接拆变压器时,因用力过猛有可能将低压螺杠拧转一个角度,使低压引线片碰触油箱内壁,运行合闸时造成单相接地短路烧毁变压器。所以在拆接变压器时要引起注意。

（5）在调整变压器电压分接开关时,没有将开关调准到挡位上,造成一次线圈部分短路。所以在调整电压分接开关时,一定要调准位置,并经测试接触良好,然后再用销钉加以固定。

7. 绝缘电阻的正确测量方法

摇测变压器的绝缘应在天气干燥时进行,并且应在停电后立即进行测量。在进行绝缘电阻的测试时,要把瓷群套管清扫干净,拆去全部引线和零相套管的接地线,测量高压绕组对低压绕组和高压绕组对地间的绝缘电阻时选用2500V兆欧表,测量低压绕组对地间的绝缘时选用1000V兆欧表,以120r/min的转速分别摇测一次绕组对地(外壳);二次绕组对地和一次、二次绕组之间的绝缘电阻。其标准值见表3-2。当测得的绝缘电阻非常小时,还应分别摇测 R_{15} 和 R_{60} 两个值,测出吸收比,以便进一步判断是绝缘损坏还是绝缘受潮。一般没有受潮的绝缘,吸收比应大于1.3。受潮或有局部缺陷的绝缘,吸收比接近于1。

读取绝缘值之后,不应立即停止摇动,应先取下相线再停止摇动,否则易损坏兆欧表。摇完绝缘电阻后,还应将变压器绕组放电,以防发生触电。

8. 变压器二次侧熔断器熔体熔断的处理方法

(1)非故障性熔断。熔体熔断在压接处或其他部位,一般无严重烧伤痕迹。其原因可能是:熔体截面小;安装时熔体有伤痕缺陷;熔断器的瓷底座固定不牢;熔体压接不紧密;熔体运行时间过长而产生铜铝氧化膜,使接触电阻变大。这种情况,换上原规格容量的熔体即可恢复正常运行。

(2)过载熔断。通常是在熔体的中间部位熔断,很少有电弧烧伤痕迹。此时应查明过载原因,减轻部分负载,防止过载运行。不允许盲目加大熔丝的规格容量。

(3)短路熔断。熔体严重烧伤,熔断器瓷底上残留明显的电弧烧伤痕迹,其原因可能是低压侧线路的中性线与相线或者相线之间发生了短路故障。此时应仔细检查由该变压器供电的低压侧线路与设备,待查出故障点并予以处理后再恢复送电。在未查出故障点前不得随意送电。值得注意的是,在较长的低压线路末端发生短路时,由于线路阻抗大,短路电流相对较小,熔体烧伤也可能会不太严重。

对消除原因后重新投入运行的变压器,要进行必要的观察,即使声音、外观正常,也应测量其二次电流值,如果明显超过额定值,应使变压器停止运行,继续查明原因并加以处理后再投入运行。

9. 变压器一次侧熔断器熔体熔断的处理方法

首先判断是一相熔断还是两相熔断,若为高压一相熔断,作为单相变压器则表现为低压用户全部断电;作为Yyno接线的变压器则表现为低压一相断电。若为高压两相断电，作为三相变压器其二次侧则表现为全部无电。当变压器一次侧熔体熔断时，应根据事故现象查出原因，检修和处理后再投入运行。首先应检查一次侧熔断器和防雷间隙等是否有短路接地现象。当外部检查无异常时，则有可能是由变压器内部故障引起，应仔细检查变压器是否有冒烟或油外溢现象，检查变压器温度是否正常。然后再用兆欧表检查一、二次绕组之间，一、二次绕组对地的绝缘电阻值。测量变压器绝缘电阻值时，应根据电压等级的不同选用不同电压等级的兆欧表，并应在停电情况下进行测量。

有时变压器内部绕组的匝间或层间短路也会引起一次侧熔断器熔断，如用兆欧表检查变压器的绝缘缺陷，则可能检查不出来，这时，应用电桥测量绕组的直流电阻值，以便进行判断。经全面检查判明故障原因，并排除后方可再投入运行。

第4章 常用高低压电器

4.1 10kV跌落式熔断器

4.1.1 跌落式熔断器的选择与安装

1. 跌落式熔断器用途

在农村,10kV跌落式熔断器广泛应用于配电变压器和线路的过载及短路保护和电路控制,并对被检修及停电的电气设备或线路起明显断开点的隔离作用,其外形及结构如图4－1所示。可以分、合正常情况下560kVA及以下容量的变压器空载电流;可以分、合正常情况下10km及以下长度的架空线路的空载电流;也可以分、合一定长度的正常情况下的电缆线路的空载电流。

图4－1 跌落式熔断器的外形及结构

1—安装板;2—静触点;3—动触点;4—操作环;5—熔管;6—绝缘子;7—鸭舌帽。

2. 10kV跌落式熔断器的选择

1)熔断器本体的选择

(1)按熔断器使用的环境条件选择跌落式熔断器的型号。

（2）熔断器的额定电压和额定电流不能小于工作电压和工作电流。熔断器熔管的额定电流应不小于熔体的额定电流。

2）熔断器熔体的选择

（1）作为变压器过负载保护时,熔断器的熔体额定电流应等于或稍大于变压器的额定电流。

（2）作为分支线路保护时,熔断器的熔体额定电流应按实际负载电流选择。

（3）熔体的额定电流不应大于熔管的额定电流。

（4）用于100kVA及以下的变压器时,其熔丝可按变压器2～3倍的额定电流选用。用于100kVA及以上的变压器时,其熔丝可按变压器1.5～2倍的额定电流选用。

（5）在选择跌落式熔断器的熔丝时,要注意与上一级保护的配合级不要出现越级跳闸现象的发生。

3. 10kV 跌落式熔断器的安装

对于跌落式熔断器的安装应满足产品说明书及电气安装规程的要求,图4－2所示为安装方式的一种。安装时应注意以下几个问题。

（1）安装应牢固可靠,使熔管向下应有15°～30°的倾斜角。

（2）熔管长度应适当,合闸后被鸭舌帽扣住的触点长度要在2/3以上,以防运行中发生自掉。但熔管也不能顶住鸭嘴,以防熔丝熔断后熔管不能自行跌落。

图4－2　跌落式熔断器的安装

（3）10kV 跌落式熔断器的相间安装距离不应小于 0.5m。

（4）熔丝管底端对地面的距离不宜小于 4.5m。

（5）对下方的电气设备的水平距离不宜小于 0.5m。

4.1.2 10kV 跌落式熔断器的运行

1. 熔断器的操作

操作跌落式熔断器时,应有专人监护,使用合格的绝缘手套,穿绝缘靴,戴绝缘帽,戴防护眼镜。操作时动作要果断、准确而又不要用力过猛、过大。要使用合格的绝缘杆来操作。对 RW3－10 型,拉闸时应往上顶鸭嘴;对 RW4－10 型,拉闸时应用绝缘杆金属端钩穿入熔丝管的操作环中拉下。合闸时,先用绝缘杆金属端钩穿入操作环中,令熔丝管绕轴向上转动到接近上静触点的地方,稍加停顿,看到动触点确已对准静触点,果断迅速地向上方推,使动触点与静触点良好接触,并被锁紧机构锁紧,然后轻轻退出绝缘杆。

正确的操作顺序是:在拉开跌落式高压熔断器时,应先拉开中间一相,然后拉开背风的一相,最后拉开迎风的一相。

合上跌落式高压熔断器时,顺序与此相反,即先合迎风相,再合背风相,最后合中间相。

操作者站立的位置不应正对跌落式熔断器,以防电弧或其他物件落下伤人。

2. 跌落式熔断器运行中的检查

（1）检查绝缘子是否有裂纹、污垢。

（2）检查各零部件是否良好,有无松动或脱落。

（3）检查裸露的带电部分与其他部分间隔距离是否足够。

（4）检查引线的连接是否良好,有无松动、烧伤。

（5）检查触点接触是否良好,有无严重烧伤。

（6）检查触点接触处是否有滋火现象。

（7）熔丝熔断后,应先检查熔丝管,如烧坏则应更换。

（8）检查是否有一相熔丝管跌落。

4.1.3 10kV 跌落式熔断器检修

1. 跌落式熔断器主要检修内容

对跌落式熔断器,一般每隔 4 年应定期进行一次大修,每年在清扫中及雷雨后要进行一次检查和调整。检修调整的内容有以下几个。

（1）将跌落式熔断器的后卡箍固定牢靠,保持熔断器的俯角在 15°～30°以内,以保证当熔丝熔断后,熔丝管能正常跌落。

（2）绝缘子部分及熔丝管应无裂纹、损伤和放电现象。

（3）相间距离不应小于 500mm。

（4）熔丝管脱漆、膨胀、弯曲变形后应予以更换;熔丝管不可过长或过短,下端应制成圆角,防止磕伤熔丝。

（5）检查熔丝容量是否合格,如不合格应予以更换。

（6）触点生锈时,要用细砂纸打光,保证接触良好。

（7）检查触点弹簧是否良好,铸件有无砂眼裂纹,挂钩是否光滑,上鸭嘴是否过松、过紧,是否有夹住或影响熔丝管跌落,或易造成误跌落的情况。

（8）上下引线对其他构件的安全距离不应小于 200mm。

2. 跌落式熔断器常见故障及原因

（1）烧坏熔丝管故障。在小电网中,其原因多是由于熔丝熔断时,熔丝管不能迅速跌落的缘故。在较大电网中,常是由于故障容量超过了熔丝的断流容量。

（2）熔丝管误跌落故障。熔丝管的长度与熔断器固定接触部分的尺寸不配套时,一遇大风就容易被吹落;或由于操作马虎未合紧,稍受震动便自行跌落;或由于熔断器上部静触点的弹簧压力过小,且鸭嘴内的直角突起处被烧坏或磨损,不能挡住管子,造成误跌落。

（3）熔丝误熔断故障。如果熔丝的误熔断重复发生,常常是因为熔丝选得太小或与下一级配合不当,而发生越级熔断,这时应按照规定选择合适的熔丝。有时因熔丝本身质量不好,焊接处受温度和机械的作用而脱开,也会发生误熔断故障。

4.2　高压隔离开关

4.2.1　隔离开关的分类和用途

隔离开关按极数分为单极和三极,按安装地点分为室内型（GN 系列）和室外型（GW 系列）两种,GN－10 户内隔离开关外形及结构如图 4－3所示。

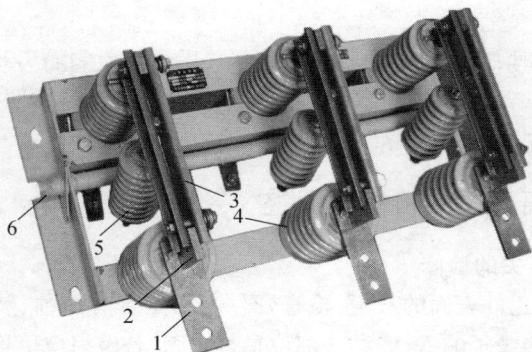

图 4 - 3　GN - 10 型户内隔离开关外形及结构

1—连接板；2—静触点；3—接触条；4—支持绝缘子；5—拉杠绝缘子；6—传动主轴。

隔离开关的用途是,使电气设备在检修或备用中与正在运行的电气设备隔离,形成一个明显可见的断开点,以保证检修人员的安全,隔离开关没有灭弧能力,不能断开负载电流和短路电流,一般用于在无载有电压的情况下开合电路。

按规程规定,也可进行下列操作。

（1）接通或断开电压互感器和避雷器电路。

（2）接通或断开电压为 35kV,容量为 1000kVA 及以下的空载变压器。

（3）接通或断开电压为 10kV,长度为 5km 以内的空载线路。

（4）接通或断开电压为 35kV,长度为 10km 以内的空载线路。

4.2.2　隔离开关的操作

（1）合闸时,在确认与隔离开关连接的断路器等开关设备处于分闸位置上,站好位置,果断迅速地合上隔离开关,而合闸作用力不宜过大,避免发生冲击,同时保证主刀开关与静触点接触良好。

（2）若为单极隔离开关,合闸时应先合两边相,后合中间相。拉闸时应先拉中间相,后拉两边相,而且必须使用合格绝缘棒来操作。

（3）分闸时,在确认断路器等开关设备处于分闸位置后,应缓慢操作,待主刀开关离开静触点时迅速拉开。操作完毕后,应保证隔离开关处于断开位置,并保持操作机构锁牢。

（4）用隔离开关来切断变压器空载电流、架空线路和电缆的充电电流、环路电流和小负荷电流时,应迅速进行分闸操作,以达到快速有效的灭弧。

（5）送电时,应先合电源侧的隔离开关后合负荷侧隔离开关。断电时,先拉负荷侧隔离开关后拉电源侧的隔离开关。必须严格按照操作规程进行操作,以确保安全。

4.2.3　隔离开关的检修与调整

1. 隔离开关的检修

（1）清扫瓷件表面的灰尘,检查瓷件表面是否有掉釉、破损,有无裂纹和闪络痕迹,绝缘子的铁、瓷结合部位是否牢固,若破损应更换。

（2）擦净刀片、触点和触指上的油污,检查接触面是否清洁,有无机械损伤、氧化膜和过热痕迹及扭曲、变形等现象。必要时用砂纸打磨触点表面或拆下触点、刀片等,用细锉整修触点表面,再涂凡士林油,表面镀银的接触面,不能用砂纸或细锉整修;否则应重新镀银。

（3）检查触点或刀片上的附件是否齐全,有无破损。

（4）检查连接隔离开关的母线、断路器引线是否牢固无过热现象。

（5）检查软连接部件有无折损、断股现象。

（6）检查并清扫操作机构和传动部分,并加入适量的润滑油。

（7）检查传动部分与带电部分的距离是否符合要求,定位和自动装置是否牢固、动作正确。

（8）检查隔离开关的底座是否良好,连接是否可靠。

2. 隔离开关的调整

（1）合闸时,用0.55mm塞尺检查触点是否紧密,对线接触应塞不进去;对面接触,塞入尝试应大于4~6mm;否则应对接触面进行锉修或整形,保持接触良好。

（2）触点弹簧各圈间的间隙,在合闸位置时不应小于0.5mm,并要求间隙均匀。

（3）组装后将其缓慢合闸,观察刀开关是否对准固定触点的中心落下或进入,有无偏卡现象。若有应调整绝缘子、拉杆或其他部件,以消除间隙。

（4）刀开关张角或开距应符合要求,室内的隔离开关在合闸后,刀开关应有3~5mm的备用行程,三相同期性应一致。

（5）辅助触点的切换是否正确,并保持接触良好。

（6）闭锁装置应正确、可靠。

4.3 低压刀开关

4.3.1 刀开关的用途和分类

刀开关是手动电器中结构最简单的一种,广泛地应用于各种配电设备和供电线路,可作为非频繁地接通和分断容量不太大的低压供电线路之用。当能满足隔离功能要求时,刀开关也可用来隔离电源。刀形转换开关则用于转换电路,从一组连接转换至另一组连接。刀开关的外形如图 4 - 4 所示。

图 4 - 4　刀开关外形

1. 刀开关的主要用途

刀开关主要用于成套配电设备中隔离电源之用,也可作为不频繁地接通和分断电路之用。刀形转换开关除上述功能外,还可用于转换电路,从一组连接转换至另一组连接。

当刀开关加装栅片灭弧室(灭弧罩)并用杠杆操作时,也能接通或分断额定电流。

2. 刀开关的分类

刀开关按极数分,有单极、双极和三极;按结构分,有平板式和条架式;按操作方式分,有直接手柄操作式、杠杆操作机构式、旋转操作式和电动操作机构式;按转换方式分,有单投和双投,双投即为刀形转换开关。通常,除特殊的大电流刀开关采用电动操作方式外,一般都采用手动操作方式。

4.3.2 刀开关的选用

1. 确定刀开关的结构形式

选用刀开关时,首先应根据其在电路中的作用和其在成套配电装置中的安装位置,确定其结构形式。如果电路中的负载是由低压断路器、接触器或其他具有一定分断能力的开关电器(包括负荷开关)来分断,即刀开关仅仅是用来隔离电源时,则只需选用没有灭弧罩的产品;反之,如果刀开关必须分断负载,就应选用带灭弧罩且是通过杠杆操作的产品。此外,还应根据操作位置、操作方式和接线方式来选用。

2. 选择刀开关的规格

刀开关的额定电压应不小于电路的额定电压。刀开关的额定电流一般应不小于所关断电路中各个负载额定电流的总和。若负载是电动机,就必须考虑电动机的启动电流为额定电流的 4～7 倍,甚至更大,故应选用额定电流大一级的刀开关。此外,还要考虑电路中可能出现的最大短路电流(峰值)是否在该额定电流等级所对应的电动稳定性电流(峰值)以下。如果超过,就应当选用额定电流更大一级的刀开关。

4.3.3 刀开关安装、使用和维护

1. 刀开关的安装

刀开关应垂直安装在开关板上,并要使静插座位于上方。若静插座位于下方,则当刀开关的触刀拉开时,如果铰链支座松动,触刀等运动部件可能会在自重作用下向下掉落,同静插座接触,发生误动作而造成严重事故。

2. 刀开关的使用和维护

(1)刀开关作电源隔离开关使用时,合闸顺序是先合上刀开关,再合上其他用以控制负载的开关电器。分闸顺序则相反,要先使控制负载的开关电器分闸,然后再让刀开关分闸。

(2)严格按照产品说明书规定的分断能力来分断负载,无灭弧罩的刀开关一般不允许分断负载;否则,有可能导致稳定持续燃弧,使刀开关寿命缩短,严重的还会造成电源短路,开关被烧毁,甚至发生火灾。

(3)对于多极的刀开关,应保证各极动作的同步性,而且应接触良好;否则,当负载是三相异步电动机时,便有可能发生电动机因缺相运转而烧坏的事故。

（4）如果刀开关未安装在封闭的控制箱内，则应经常检查，防止因积尘过多而发生相间闪络现象。

（5）当对刀开关进行定期检修时，应清除底板上的灰尘，以保证良好的绝缘；检查触刀的接触情况，如果触刀磨损严重或被电弧过度烧坏，应及时更换；发现触刀转动铰链过松时，如果是用螺栓的，应把螺栓拧紧。

3. 刀开关的常见故障及其排除方法

刀开关的常见故障及排除方法见表4-1。

表4-1 刀关开的常见故障及排除方法

故障现象	产生原因	排除方法
触刀过热，甚至烧毁	（1）电路电流过大 （2）触刀和静触座接触歪扭 （3）触刀表面被电弧烧毛	（1）改用较大容量的开关 （2）调整触刀和静触座的位置 （3）磨掉毛刺和凸起点
开关手柄转动失灵	（1）定位机械损坏 （2）触刀固定螺钉松脱	（1）修理或更换 （2）拧紧固定螺钉

4.4　低压熔断器

4.4.1　熔断器的用途、分类

1. 熔断器的用途

熔断器是一种结构简单、使用方便、价格低廉的保护电器，广泛应用于低压配电系统和控制电路中，主要作为短路保护元件，也常作为单台电气设备的过载保护元件。熔断器的外形如图4-5所示。

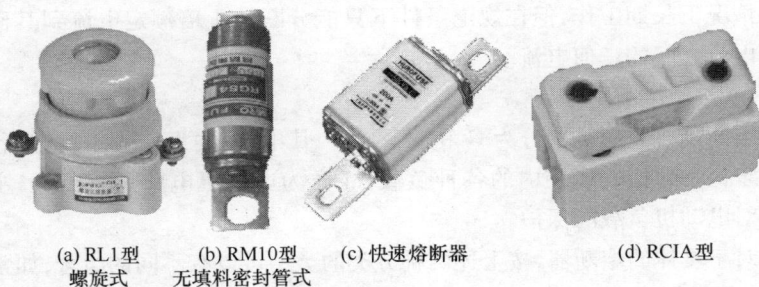

(a) RL1型　　　(b) RM10型　　　(c) 快速熔断器　　　(d) RCIA型
螺旋式　　　　无填料密封管式

图4-5　熔断器外形

2. 熔断器的分类

1）按结构形式分类

按结构形式可分为半封闭插入式熔断器、无填料密闭管式熔断器、有填料封闭管式熔断器、快速熔断器和自复熔断器五类。

2）按使用对象分类

按使用对象,熔断器可分为专职人员使用和非熟练人员使用两大类。其中,专职人员使用的熔断器因使用人员操作技能较高,对熔断器的防护等级没有要求,多采用开启式结构,如触刀式熔断器、螺栓连接熔断器和圆筒形帽熔断器等;非熟练人员使用的熔断器一般多用于家庭,因使用的人员一般没有电工知识和操作经验,因此安全要求较高,其结构多采用封闭或半封闭式,如螺旋式熔断器、圆管式熔断器和插入式熔断器等。

专职人员使用的熔断器按用途又可分为一般工业用熔断器、半导体器件保护用熔断器(又称快速熔断器)和自复式熔断器等。快速熔断器分断速度较快,主要用作电力半导体变流装置内部短路保护;自复熔断器是一种新型限流元件(限流器),本身不能分断电路,它常与断路器串联使用,可提高断路器的分断能力。因这种熔断器在故障电流切除后可自动恢复到初始状态,又可继续使用,故称自复熔断器。

3）按工作类型分类

熔断器按工作类型(或称分断范围)可分为 g 类和 a 类两类。

(1) g 类熔断器又称为全范围分断熔断器,能够在不低于其额定电流的情况下长期工作,并可在规定条件下分断从最小熔化电流到其额定分断电流之间的任何电流。

(2) a 类熔断器又称为部分范围分断熔断器,也可在不低于其额定电流的情况下长期工作,但在规定条件下只能分断从 4 倍额定电流到其额定分断电流之间的任何电流。

4）按使用类别分类

熔断器按使用类别分为 G 和 M 两类。其中:G 类为一般用途熔断器,常用于保护包括电缆在内的各种负载;M 类为电动机电路用熔断器,主要用于对电动机负载的保护。

对于具体的熔断器,按上述两种分类的类型可以有不同的组合,如常用的 gG 系列和 aM 系列等。其中:gG 系列熔断器主要用于对电路的过载和短路保护;aM 系列熔断器主要用于对电动机的短路保护。

4.4.2 熔断器的选择

1. 熔断器的选择原则

（1）根据使用条件确定熔断器的类型。

（2）选择熔断器的规格时,应首先选定熔体的规格,然后再根据熔体去选择熔断器的规格。

（3）熔断器的保护特性应与被保护对象的过载特性有良好的配合。

（4）在配电系统中,各级熔断器应相互匹配,一般上一级熔体的额定电流要比下一级熔体的额定电流大2～3倍。

（5）对于保护电动机的熔断器,应注意电动机启动电流的影响。熔断器一般只作为电动机的短路保护,过载保护应采用热继电器。

（6）熔断器的额定电流应不小于熔体的额定电流;额定分断能力应大于电路中可能出现的最大短路电流。

2. 一般熔断器的选择

1）熔断器类型的选择

熔断器主要根据负载的情况和电路短路电流的大小来选择类型。例如,对于容量较小的照明线路或电动机的保护,宜采用 RClA 系列插入式熔断器或 RM10 系列无填料密闭管式熔断器;对于短路电流较大的电路或有易燃气体的场合,宜采用具有高分断能力的 RL 系列螺旋式熔断器或 RT（包括 NT）系列有填料封闭管式熔断器;对于保护硅整流器件及晶闸管的场合,应采用快速熔断器。

熔断器的形式也要考虑使用环境。例如,管式熔断器常用于大型设备及容量较大的变电场合;插入式熔断器常用于无振动的场合;螺旋式熔断器多用于机床配电;电子设备一般采用熔丝座。

2）熔体额定电流的选择

（1）对于照明电路和电热设备等电阻性负载,因为其负载电流比较稳定,可用作过载保护和短路保护,所以熔体的额定电流（I_{rn}）应等于或稍大于负载的额定电流 I_{fn},即

$$I_{rn} = 1.1 I_{fn}$$

（2）电动机的启动电流很大,因此对电动机只宜作短路保护,对于保护长期工作的单台电动机,考虑到电动机启动时熔体不能熔断,即

$$I_{rn} \geqslant (1.5 \sim 2.5) I_{fn}$$

式中:轻载启动或启动时间较短时,系数可取近 1.5;带重载启动、启动时间

较长或启动较频繁时,系数可取近2.5。

（3）对于保护多台电动机的熔断器,考虑到在出现尖峰电流时不熔断熔体,熔体的额定电流应等于或大于最大一台电动机的额定电流的 1.5 ～ 2.5 倍,加上同时使用的其余电动机的额定电流之和,即

$$I_{rn} \geqslant (1.5 \sim 2.5)I_{fn\,max} + \sum I_{fn}$$

式中：$I_{fn\,max}$ 为多台电动机中容量最大的一台电动机的额定电流；$\sum I_{fn}$ 为其余各台电动机额定电流之和。

必须说明,由于电动机负载情况不同,其启动情况也各不相同,因此,上述系数只作为确定熔体额定电流时的参考数据,精确数据需在实践中根据使用情况确定。

3）熔断器额定电压的选择

熔断器的额定电压应不小于所在电路的额定电压。

4.4.3　熔断器的安装、使用和维修

1. 熔断器的安装

（1）安装前,应检查熔断器的额定电压是否不小于线路的额定电压,熔断器的额定分断能力是否大于线路中预期的短路电流,熔体的额定电流是否不大于熔断器支持件的额定电流。

（2）熔断器一般应垂直安装,应保证熔体与触刀以及触刀与刀座的接触良好,并能防止电弧飞落到邻近带电部分上。

（3）安装时应注意不要让熔体受到机械损伤,以免因熔体截面变小而发生误动作。

（4）安装时应注意使熔断器周围介质温度与被保护对象周围介质温度尽可能一致,以免保护特性产生误差。

（5）安装必须可靠,以免有一相接触不良,出现相当于一相断路的情况,致使电动机因断相运行而烧毁。

（6）安装带有熔断指示器的熔断器时,指示器的方向应装在便于观察的位置。

（7）熔断器两端的连接线应连接可靠;螺钉应拧紧。

（8）熔断器的安装位置应便于更换熔体。

（9）安装螺旋式熔断器时,熔断器的下接线板的接线端应在上方,并与电源线连接。连接金属螺纹壳体的接线墙应装在下方,并与用电设备相连,

有油漆标志端向外,两熔断器间的距离应留有手拧的空间,不宜过近。这样更换熔体时螺纹壳体上就不会带电,以保证人身安全。

2. 熔断器的巡视检查

（1）检查熔断器的实际负载大小,看是否与熔体的额定值相匹配。

（2）检查熔断器外观有无损伤、变形和开裂现象,瓷绝缘部分有无破损或闪络放电痕迹。

（3）检查熔断管接触是否紧密,有无过热现象。

（4）检查熔体有无氧化、腐蚀或损伤,必要时应及时更换。

（5）检查熔断器的熔体与触刀及触刀与刀座接触是否良好,导电部分有无熔焊、烧损。

（6）检查熔断器的环境温度是否与被保护设备的环境温度一致,以免相差过大使熔断器发生误动作。

（7）检查熔断器的底座有无松动现象。

（8）应及时清理熔断器上的灰尘和污垢,且应在停电后进行。

（9）对于带有熔断指示器的熔断器,还应检查指示器是否保持正常工作状态。

3. 熔断器的运行维护中的注意事项

（1）熔体烧断后,应先查明原因,排除故障。分清熔断器是在过载电流下熔断,还是在分断极限电流下熔断。一般在过载电流下熔断时响声不大,熔体仅在一两处熔断,且管壁没有大量熔体蒸发物附着和烧焦现象;而分断极限电流熔断时与上面情况相反。

（2）更换熔体时,必须选用原规格的熔体,不得用其他规格熔体代替,也不能用多根熔体代替一根较大熔体,更不准用细铜丝或铁丝来替代,以免发生重大事故。

（3）更换熔体(或熔管)时,一定要先切断电源,将开关断开,不要带电操作,以免触电,尤其不得在负荷未断开时带电更换熔体,以免电弧烧伤。

（4）熔断器的插入和拔出应使用绝缘手套等防护工具,不准用手直接操作或使用不适当的工具,以免发生危险。

（5）更换无填料密闭管式熔断器熔片时,应先查明熔片规格,并清理管内壁污垢后再安装新熔片,且要拧紧两头端盖。

（6）更换瓷插式熔断器熔丝时,熔丝应沿螺钉顺时针方向弯曲一圈,压在垫圈下拧紧,力度应适当。

（7）更换熔体前,应先清除接触面上的污垢,再装上熔体,且不得使熔体发生机械损伤,以免因熔体截面变小而发生误动作。

(8) 运行中如有两相断相,更换熔断器时应同时更换三相。因为没有熔断的那相熔断器实际上已经受到损害,若不及时更换,很快也会断相。

4. 熔断器的常见故障及其排除方法(表 4 - 2)

表 4 - 2　熔断器的常见故障及其排除方法

故障现象	可能原因	排除方法
电动机启动瞬间熔断器熔体熔断	(1) 熔体规格选择过小 (2) 被保护的电路短路或接地 (3) 安装熔体时有机械损伤 (4) 有一相电源发生断路	(1) 更换合适的熔体 (2) 检查线路,找出故障点并排除 (3) 更换安装新的熔体 (4) 检查熔断器及被保护电路,找出断路点并排除
熔体未熔断,但电路不通	(1) 熔体或连接线接触不良 (2) 紧固螺钉松脱	(1) 旋紧熔体或将接线接牢 (2) 找出松动处将螺钉或螺母旋紧
熔断器过热	(1) 接线螺钉松动,导线接触不良 (2) 接线螺钉锈死,压不紧线 (3) 触刀或刀座生锈,接触不良 (4) 熔体规格太小,负荷过重 (5) 环境温度过高	(1) 拧紧螺钉 (2) 更换螺钉、垫圈 (3) 清除锈蚀 (4) 更换合适的熔体或熔断器 (5) 改善环境条件
瓷绝缘件破损	(1) 产品质量不合格 (2) 外力破坏 (3) 操作时用力过猛 (4) 过热引起	(1) 停电更换 (2) 停电更换 (3) 停电更换,注意操作手法 (4) 查明原因,排除故障

4.5　断　路　器

4.5.1　用途和分类

1. 断路器的用途

低压断路器曾称自动开关,是指按规定条件,对配电电路、电动机或其他用电设备实行通断操作并起保护作用,即当电路内出现过载、短路或欠电压等情况时能自动分断电路的开关电器。

通俗地讲,断路器是一种可以自动切断故障线路的保护开关,它既可用来接通和分断正常的负载电流、电动机的工作电流和过载电流,也可用来接通和分断短路电流,在正常情况下还可以用于不频繁地接通和断开电路以及控制电动机的启动和停止。

断路器具有动作值可调整、兼具过载和保护两种功能、安装方便、分断能力强以及动作后不需要更换元件等优点,因此应用非常广泛。常用塑壳断路器的外形如图4-6所示。

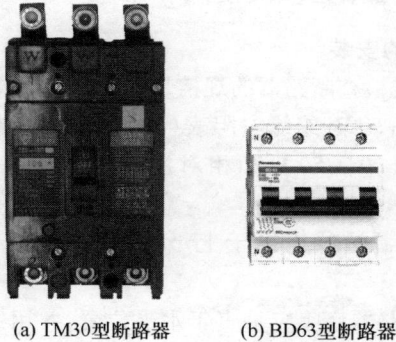

(a) TM30型断路器　　　　(b) BD63型断路器

图4-6　塑壳断路器外形

2. 断路器的分类

断路器的种类繁多,可按使用类别、结构形式、操作方式、极数、安装方式、灭弧介质、用途等多种方式进行分类。

(1) 按使用类别分,有非选择型(A类)和选择型(B类)。其中:A类断路器在短路情况下,不明确用作串联在负载侧的另一短路保护装置的选择性保护,无人为的短延时,因而没有额定短时耐受电流要求;B类断路器在短路情况下,明确用作串联在负载侧的另一短路保护装置的选择性保护,即有人为的短延时(可调节),其延时时间不小于0.05s,因而有额定短时耐受电流要求。

(2) 按结构形式分,有万能式(曾称框架式)和塑料外壳式(曾称装置式)等。

(3) 按操作方式分,有人力操作(手动)和无人力操作(电动、储能)等。

(4) 按极数分,有单极、两极、三极和四极等。

(5) 按安装方式分,有固定式、插入式和抽屉式等。

(6) 按灭弧介质分,有空气式和真空式,目前国产断路器为空气式较多。

（7）按采用的灭弧技术分，有零点灭弧式和限流式两类。其中，零点灭弧式可使被触点拉开的电弧在交流电流自然过零时熄灭；限流式可把峰值预期短路电流限制到一个较小的截断电流。

（8）按用途分，有配电用、电动机保护用、家用和类似场所用、剩余电流（漏电）保护用、特殊用途用等。

4.5.2 低压断路器的安装、使用和维修

1. 低压断路器的安装

（1）安装前应先检查断路器的规格是否符合使用要求。

（2）安装前先用 500V 绝缘电阻表（兆欧表）检查断路器的绝缘电阻，在周围空气温度为（20 ± 5）℃ 和相对湿度为 50% ~ 70% 时，应不小于 10MΩ；否则应烘干。

（3）安装时，电源进线应接于上母线，用户的负载侧出线应接于下母线。

（4）安装时，断路器底座应垂直于水平位置，并用螺钉固定紧，且断路器应安装平整，不应有附加机械应力。

（5）外部母线与断路器连接时，应在接近断路器母线处加以固定，以免各种机械应力传递到断路器上。

（6）安装时，应考虑断路器的飞弧距离，即在灭弧罩上部应留有飞弧空间，并保证外装灭弧室至相邻电器的导电部分和接地部分的安全距离。

（7）在进行电气连接时，电路中应无电压。

（8）断路器应可靠接地。

（9）不应漏装断路器附带的隔弧板，装上后方可运行，以防止切断电路因产生电弧而引起相间短路。

（10）安装完毕后，应使用手柄或其他传动装置检查断路器工作的准确性和可靠性。如检查脱扣器能否在规定的动作值范围内动作，电磁操作机构是否可靠闭合，可动部件有无卡阻现象等。

2. 低压断路器的运行检查

（1）检查负载电流是否在额定范围内。

（2）检查断路器的信号指示是否正确。

（3）检查断路器与母线或出线的连接处有无过热现象。

（4）检查断路器的过载脱扣器的整定值是否与规定值相符。过电流脱

扣器的整定值一经调好后不许随意变动，而且长期使用后应检查其弹簧是否生锈卡死，以免影响其动作。

（5）应定期检查各种脱扣器的动作值，有延时者还应检查延时情况。

（6）注意监听断路器在运行中的声响，细心辨别有无异常现象。

（7）应检查断路器的安装是否牢固，有无松动现象。

（8）对于有金属外壳接地的断路器，应检查接地是否完好。

（9）对于万能式断路器还应检查有无破裂现象、电磁机构是否正常等。

（10）对于塑料外壳式断路器，要注意检查外壳和部件有无裂损现象。

（11）断路器因故长期未用而再次投入使用时，要仔细检查。

3. 低压断路器的维护

（1）断路器在使用前应将电磁铁工作面上的防锈油脂抹净，以免影响电磁系统的正常动作。

（2）操作机构在使用一段时间后（一般为 1/4 机械寿命），在传动部分应加注润滑油（小容量塑料外壳式断路器不需要）。

（3）每隔一段时间（6 个月左右或在定期检修时），应清除落在断路器上的灰尘，以保证断路器具有良好绝缘。

（4）应定期检查触点系统，特别是在分断短路电流后，更必须检查，在检查时应注意以下几点：

① 断路器必须处于断开位置，进线电源必须切断。

② 用酒精抹净断路器上的烟痕，清理触点毛刺。

③ 当触点厚度小于 1mm 时，应更换触点。

（5）当断路器分断短路电流或长期使用后，均应清理灭弧罩两壁烟痕及金属颗粒。若采用的是陶瓷灭弧室，灭弧栅片烧损严重或灭弧罩碎裂，不允许再使用，必须立即更换，以免发生不应有的事故。

（6）定期检查各种脱扣器的电流整定值和延时。特别是半导体脱扣器，更应定期用试验按钮检查其动作情况。

（7）有双金属片式脱扣器的断路器，当使用场所的环境温度高于其整定温度，一般宜降容使用；若脱扣器的工作电流与整定电流不符，应当在专门的检验设备上重新调整后才能使用。

（8）有双金属片式脱扣器的断路器，因过载而分断后，不能立即"再扣"，需冷却 1～3min，待双金属片复位后，才能重新"再扣"。

（9）定期检修应在不带电的情况下进行。

4. 低压断路器的常见故障及其排除方法（表4-3）

表4-3　断路器的常见故障及其排除方法

常见故障	可能原因	排除方法
手动操作的断路器不能闭合	(1) 欠电压脱扣器无电压或线圈损坏 (2) 储能弹簧变形,闭合力减小 (3) 释放弹簧的反作用力太大 (4) 机构不能复位再扣	(1) 检查线路后加上电压或更换线圈 (2) 更换储能弹簧 (3) 调整弹簧行程或更换弹簧 (4) 调整脱扣面至规定值
电动操作的断路器不能闭合	(1) 操作电源电压不符 (2) 操作电源容量不够 (3) 电磁铁或电动机损坏 (4) 电磁铁拉杆行程不够 (5) 电动机操作定位开关失灵 (6) 控制器中整流管或电容器损坏	(1) 更换电源或升高电压 (2) 增大电源容量 (3) 检修电磁铁或电动机 (4) 重新调整或更换拉杆 (5) 重新调整或更换开关 (6) 更换整流管或电容器
有一相触点不能闭合	(1) 该相连杆损坏 (2) 限流开关斥开机构可折连杆之间的角度变大	(1) 更换连杆 (2) 调整至规定要求
分励脱扣器不能使断路器断开	(1) 线圈损坏 (2) 电源电压太低 (3) 脱扣面太大 (4) 螺钉松动	(1) 更换线圈 (2) 更换电源或升高电压 (3) 调整脱扣面 (4) 拧紧螺钉
欠电压脱扣器不能使断路器断开	(1) 反力弹簧的反作用力太小 (2) 储能弹簧力太小 (3) 机构卡死	(1) 调整或更换反力弹簧 (2) 调整或更换储能弹簧 (3) 检修机构
断路器在启动电动机时自动断开	(1) 电磁式过流脱扣器瞬动整定电流太小 (2) 空气式脱扣器的阀门失灵或橡皮膜破裂	(1) 调整瞬动整定电流 (2) 更换
断路器在工作一段时间后自动断开	(1) 过电流脱扣器长延时整定值不符合要求 (2) 热元件或半导体元件损坏 (3) 外部电磁场干扰	(1) 重新调整 (2) 更换元件 (3) 进行隔离

98

常见故障	可能原因	排除方法
欠电压脱扣器有噪声或振动	（1）铁芯工作面有污垢 （2）短路环断裂 （3）反力弹簧的反作用力太大	（1）清除污垢 （2）更换衔铁或铁芯 （3）调整或更换弹簧
断路器温升过高	（1）触点接触压力太小 （2）触点表面过分磨损或接触不良 （3）导电零件的连接螺钉松动	（1）调整或更换触点弹簧 （2）修整触点表面或更换触点 （3）拧紧螺钉
辅助触点不能闭合	（1）动触桥卡死或脱落 （2）传动杆断裂或滚轮脱落	（1）调整或重装动触桥 （2）更换损坏的零件

4.6　接　触　器

4.6.1　接触器的用途和分类

1. 接触器的用途

接触器是一种用于远距离频繁地接通和分断交、直流主电路和大容量控制电路的电器。还具有低电压释放保护功能、使用安全方便等优点，主要用于控制交、直流电动机，也可用于控制小型发电机、电热装置、电焊机和电容器组等设备。

接触器能接通和断开负载电流，但不能切断短路电流，因此，常与熔断器和热继电器等配合使用。常用接触器外形如图 4 - 7 所示。

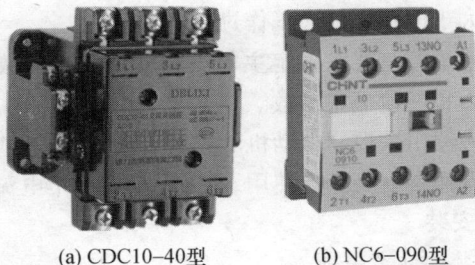

(a) CDC10-40型　　　　(b) NC6-090型

图 4 - 7　接触器外形

2. 接触器的分类

（1）按操作方式分类，有电磁接触器、气动接触器和液压接触器。

（2）按接触器主触点控制的电流分类，有交流接触器和直流接触器。

（3）按灭弧介质分类，有空气式接触器、油浸式接触器和真空接触器。

（4）按有无触点分类，有有触点式接触器和无触点式接触器。

（5）按主触点的极数分类，有单极、双极、三极、四极和五极等。

4.6.2 接触器的选择、使用和维修

1. 接触器的选择

由于接触器的安装场所与控制的负载不同，其操作条件与工作的繁重程度也不同。因此，必须对控制负载的工作情况以及接触器本身的性能有一个较全面的了解，力求经济合理、正确地选用接触器。也就是说，在选用接触器时，不仅考虑接触器的铭牌数据，因铭牌上只规定了某一条件下的电流、电压、控制功率等参数，而具体的条件又是多种多样的，因此，在选择接触器时应注意以下几点。

（1）选择接触器的类型。接触器的类型应根据电路中负载电流的种类来选择。也就是说，交流负载应使用交流接触器，直流负载应使用直流接触器。若整个控制系统中主要是交流负载，而直流负载的容量较小，也可全部使用交流接触器，但触点的额定电流应适当大些。

（2）选择接触器主触点的额定电流。接触器的额定工作电流应不小于被控电路的最大工作电流。

（3）选择接触器主触点的额定电压。接触器的额定工作电压应不小于被控电路的最大工作电压。

（4）接触器的额定通断能力应大于通断时电路中的实际电流值；耐受过载电流能力应大于电路中最大工作过载电流值。

（5）应根据系统控制要求确定主触点和辅助触点的数量和类型，同时要注意其通断能力和其他额定参数。

（6）如果接触器用来控制电动机的频繁启动、正反转或反接制动时，应将接触器的主触点额定电流降低使用，通常可降低一个电流等级。

2. 接触器的安装

1）接触器安装前注意事项

（1）接触器在安装前应认真检查接触器的铭牌数据是否符合电路要

求;线圈工作电压是否与电源工作电压相配合。

（2）接触器外观应良好,无机械损伤。活动部件应灵活,无卡滞现象

（3）检查灭弧罩有无破裂、损伤。

（4）检查各极主触点的动作是否同步。触点的开距、超程、初压力和终压力是否符合要求。

（5）用万用表检查接触器线圈有无断线、短路现象。

（6）用绝缘电阻表(兆欧表)检测主触点间的相间绝缘电阻,一般应大于 $10M\Omega$。

2）接触器安装时注意事项

（1）安装时,接触器的底面应与地面垂直,倾斜度应小于 $5°$。

（2）安装时,应注意留有适当的飞弧空间,以免烧损相邻电器。

（3）在确定安装位置时,还应考虑到日常检查和维修方便性。

（4）安装应牢固,接线应可靠,螺钉应加装弹簧垫和平垫圈,以防松脱和振动。

（5）灭弧罩应安装良好,不得在灭弧罩破损或无灭弧罩的情况下将接触器投入使用。

（6）安装完毕后,应检查有无零件或杂物掉落在接触器上或内部,检查接触器的接线是否正确,还应在不带负载的情况下检测接触器的性能是否合格。

（7）接触器的触点表面应经常保持清洁,不允许涂油。

3. 接触器的使用和维护

接触器经过一段时间使用后,应进行维修。维修时,首先应先断开主电路和控制电路的电源,再进行维护。

（1）应定期检查接触器外观是否完好,绝缘部件有无破损、脏污现象。

（2）定期检查接触器螺钉是否松动,可动部分是否灵活可靠。

（3）检查灭弧罩有无松动、破损现象,灭弧罩往往较脆,拆装时注意不要碰坏。

（4）检查主触点、辅助触点及各连接点有无过热烧、烧蚀现象,发现问题及时修复。当触点磨损到 $1/3$ 时,应更换。

（5）检查铁芯极面有无变形、松开现象,交流接触器的短路环是否破裂,直流接触器的铁芯非磁性垫片是否完好。

4. 接触器的常见故障及其排除方法(表4-4)。

表4-4 接触器的常用故障及其排除方法

常见故障	可能原因	排除方法
通电后不能闭合	(1) 线圈断线或烧毁 (2) 动铁芯或机械部分卡住 (3) 转轴生锈或歪斜 (4) 操作回路电源容量不足 (5) 弹簧压力过大	(1) 修理或更换线圈 (2) 调整零件位置,消除卡阻现象 (3) 除锈上润滑油,或更换零件 (4) 增加电源容量 (5) 调整弹簧压力
通电后动铁芯不能完全吸合	(1) 电源电压过低 (2) 触点弹簧和释放弹簧压力过大 (3) 触点超程过大	(1) 调整电源电压 (2) 调整弹簧压力或更换弹簧 (3) 调整触点超程
电磁铁噪声过大或发生振动	(1) 电源电压过低 (2) 弹簧压力过大 (3) 铁芯极面有污垢或磨损过度而不平 (4) 短路环断裂 (5) 铁芯夹紧螺栓松动,铁芯歪斜或机械卡住	(1) 调整电源电压 (2) 调整弹簧压力 (3) 清除污垢、修整极面或更换铁芯 (4) 更换短路环 (5) 拧紧螺栓 + 排除机械故障
接触器动作缓慢	(1) 动、静铁芯间的间隙过大 (2) 弹簧的压力过大 (3) 线圈电压不足 (4) 安装位置不正确	(1) 调整机械部分,减小间隙 (2) 调整弹簧压力 (3) 调整线圈电压 (4) 重新安装
断电后接触器不释放	(1) 触点弹簧压力过小 (2) 动铁芯或机械部分被卡住 (3) 铁芯剩磁过大 (4) 触点熔焊在一起 (5) 铁芯极面有油污或尘埃	(1) 调整弹簧压力或更换弹簧 (2) 调整零件位置;消除卡住现象 (3) 退磁或更换铁芯 (4) 修理或更换触点 (5) 清理铁芯极面

常见故障	可能原因	排除方法
线圈过热或烧毁	(1) 弹簧的压力过大 (2) 线圈额定电压、频率或通电持续宰等与使用条件不符 (3) 操作频率过高 (4) 线圈匝间短路 (5) 运动部分卡住 (6) 环境温度过高 (7) 空气潮湿或含腐蚀性气体 (8) 交流铁芯极面不平	(1) 调整弹簧压力 (2) 更换线圈 (3) 更换接触器 (4) 更换线圈 (5) 排除卡住现象 (6) 改变安装位置或采取降温措施 (7) 采取防潮、防腐蚀措施 (8) 清除极面或调换铁芯
触点过热或灼伤	(1) 触点弹簧压力过小 (2) 触点表面有油污或表面高低不平 (3) 触点的超行程过小 (4) 触点的断开能力不够 (5) 环境温度过高或散热不好	(1) 调整弹簧压力 (2) 清理触点表面 (3) 调整超行程或更换触点 (4) 更换接触器 (5) 接触器降低容量使用
触点熔焊出一起	(1) 触点弹簧压力过小 (2) 触点断开能力不够 (3) 触点开断次数过多 (4) 触点表面有金属颗粒突起或异物 (5) 负载侧短路	(1) 调整弹簧压力 (2) 更换接触器 (3) 更换触点 (4) 清理触点表面 (5) 排除短路故障,更换触点
相间短路	(1) 可逆转的接触器联锁不可靠,致使两个接触器同时投入运行而造成相间短路 (2) 接触器动作过快,发生电弧短路 (3) 尘埃或油污使绝缘变坏 (4) 零件损坏	(1) 检查电气联锁与机械联锁 (2) 更换动作时间较长的接触器 (3) 经常清理保持清洁 (4) 更换损坏零件

4.7 热继电器

热继电器是热过载继电器的简称,它是依靠电流通过发热元件时,所产生的热量而动作的一种电器。

4.7.1 热继电器的用途和分类

1. 热继电器的用途

热继电器具有结构简单、体积小、价格低和保护性能好等特点,是一种利用电流的热效应来切断电路的保护电器,常用热继电器外形如图4-8所示。它与接触器配合使用,主要用于电动机的过载保护、断相及电流不平衡运行的保护及其他电气设备发热状态的控制。

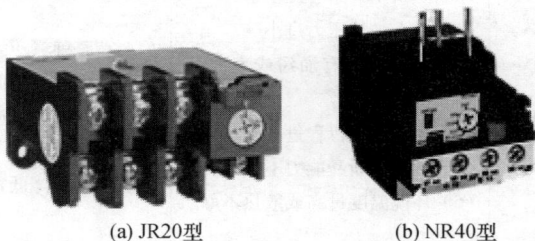

(a) JR20型   (b) NR40型

图4-8 热继电器外形

2. 热继电器的分类

热继电器按动作方式可分为3种。

(1)金属片式。利用双金属片(用两种膨胀系数不同的金属,通常为锰镍、铜板轧制而成),受热弯曲去推动执行机构动作。

(2)敏电阻式。利用电阻值随温度变化而变化的特性制成的热继电器。

(3)熔合金式。利用过载电流发热使易熔合金达到某一温度时,合金熔化而使继电器动作。

上述3种热继电器可按下述方法分类。

(1)按极数(或称相数)可分为单极(单相)、双极(两相)和三极(三相)3种。其中三极(三相)的又包括带有断相保护装置的和不带断相保护装置的。

(2)按复位方式可分为自动复位和手动复位两种。

（3）按调节方式可分为有电流调节和无电流调节（借更换热元件来达到改变整定电流的目的）。

（4）按有无温度补偿可分为温度补偿和无温度补偿。

4.7.2 热继电器的选用、安装、使用和维护

1. 热继电器的选用

热继电器选用是否得当，直接影响着对电动机进行过载保护的可靠性。通常选用时应按电动机形式、工作环境、启动情况及负载情况等几方面综合加以考虑。

（1）原则上热继电器（热元件）的额定电流等级一般略大于电动机的额定电流。热继电器选定后，再根据电动机的额定电流调整热继电器的整定电流，使整定电流与电动机的额定电流相等。对于过载能力较差的电动机，所选的热继电器的额定电流应适当小一些，并且将整定电流调到电动机额定电流的 60% ~ 80%。当电动机因带负载启动而启动时间较长或电动机的负载是冲击性的负载（如冲床等）时，则热继电器的整定电流应稍大于电动机的额定电流。

（2）一般情况下可选用两相结构的热继电器。对于电网电压均衡性较差、无人看管的电动机或与大容量电动机共用一组熔断器的电动机，宜选用三相结构的热继电器。定子三相绕组为三角形连接的电动机，应采用有断相保护的三元件热继电器作过载和断相保护。

（3）热继电器的工作环境温度与被保护设备的环境温度的差别不应超出 15 ~ 25℃。

（4）对于工作时间较短、间歇时间较长的电动机（如摇臂钻床的摇臂升降电动机等），以及虽然长期工作，但过载可能性很小的电动机（如排风机、电动机等），可以不设过载保护。

（5）双金属片式热继电器一般用于轻载、不频繁启动电动机的过载保护。对于重载、频繁启动的电动机，则可用过电流继电器（延时动作型的）作它的过载和短路保护。因为热元件受热变形需要时间，故热继电器不能作短路保护。

2. 热继电器的安装

（1）热继电器必须按产品使用说明书的规定进行安装。当它与其他电器装在一起时，应将其装在其他电器的下方，以免其动作特性受到其他电器发热的影响。

（2）热继电器的连接导线应符合规定要求。

（3）安装时,应消除触点表面等部位的尘垢,以免影响继电器的动作性能。

3. 热继电器的使用与维护

（1）运行前,应检查接线和螺钉是否牢固可靠,动作机构是否灵活、正常。

（2）运行前,还要检查其整定电流是否符合要求。

（3）使用中,应定期清除污垢。双金属片上的斑可用布蘸汽油轻轻擦拭。

（4）应定期检查热继电器的零部件是否完好、有无松动和损坏现象,可动部分有无卡碰现象等。发现问题及时修复。

（5）应定期清除触点表面的锈斑和毛刺,若触点磨损至其厚度的1/3时,应及时更换。

（6）热继电器的整定电流应与电动机的情况相适应,若发现其经常提前动作,可适当提高整定值;若发现电动机温升较高,而热继电器动作滞后,则应适当降低整定值。

（7）若热继电器动作后,必须对电动机和设备状态进行检查,为防止热继电器再次脱扣,一般采用手动复位。若其动作原因是电动机过载所致,应采用自动复位。

（8）对于易发生过载的场合,一般采用自动复位。

（9）应定期校验热继电器的动作特性。

4. 热继电器的常见故障及其排除方法

热继电器的常见故障及其排除方法见表4-5。

表4-5　热继电器的常见故障及其排除方法

常见故障	可能原因	排除方法
热继电器误动作	（1）电流整定值偏小 （2）电动机启动时间过长 （3）操作频率过高 （4）连接导线太细	（1）调整整定值 （2）按电动机启动时间的要求选择合适的继电器 （3）减少操作频率,或更换热继电器 （4）选用合适的标准导线

常见故障	可能原因	排除方法
热继电器不动作	（1）电流整定值偏大 （2）热元件烧断或脱焊 （3）动作机构卡住 （4）进出线脱头	（1）调整电流值 （2）更换热元件 （3）检查动作机构 （4）重新焊好
热元件烧断	（1）负载侧短路 （2）操作频率过高	（1）排除故障，更换热元件 （2）减少操作频率，更换热元件或热继电器
热继电器的主电路不通	（1）热元件烧断 （2）热继电器的接线螺钉未拧紧	（1）更换热元件或热继电 （2）拧紧螺钉
热继电器的控制电路不通	（1）调整旋钮或调整螺钉转到不合适位置，以致触点被顶开 （2）触点烧坏或动触点杆的弹性消失	（1）重新调整到合适位置 （2）修理或更换新的触点或动触点杆

4.8　按　　钮

4.8.1　按钮的用途和分类

1. 按钮的用途

按钮又称按钮开关或控制按钮，是一种短时间接通或断开小电流电路的手动控制器，一般用于电路中发出启动或停止指令，以控制电磁启动器、接触器、继电器等电器线圈电流的接通或断开，再由它们去控制主电路。按钮也可用于信号装置的控制，常用按钮的外形如图4-9所示。

2. 按钮的分类

随着工业生产的需求，按钮的规格品种也在日益增多。驱动方式由原来的直接推压式转化为旋转式、推拉式、杠杆式和带锁式（即用钥匙转动来开关电路，并在将钥匙抽走后不能随意动作，具有保密和安全功能）。传感接触部件也发展为平头、蘑菇头以及带操纵杆式等多种形式。带灯按钮也

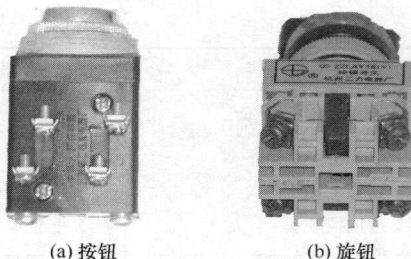

(a) 按钮　　　　　　　(b) 旋钮

图 4 – 9　按钮的外形

日益普遍地使用在各种系统中。按钮的具体分类如下。

（1）按钮按用途和触点的结构分,有启动按钮(动合按钮)、停止按钮(动断按钮)和复合按钮(动合和动断组合按钮)等 3 种。

（2）按钮按结构形式、防护方式分,有开启式、防水式、紧急式、旋钮式、保护式、防腐式、钥匙式和带指示灯式等。

为了标明各个按钮的作用,通常将按钮做成红、绿、黑、黄、蓝、白等不同的颜色加以区别。一般红色表示停止按钮,绿色表示启动按钮。

4.8.2　按钮的选择、使用和维修

1. 按钮的选择

（1）应根据使用场合和具体用途选择按钮的类型。例如,控制台柜面板上的按钮一般可用开启式;若需显示工作状态,则带指示灯式;在重要场所,为防止无关人员误操作,一般用钥匙式;在有腐蚀的场所一般用防腐式;防爆场所选防爆按钮、防爆操作柱。

（2）应根据工作状态指标和工作情况的要求选择按钮和指示灯的颜色。例如,停止或分断用红色;启动或接通用绿色;应急或干预用黄色。

（3）应根据控制回路的需要选择按钮的数量。例如,需要作“正(向前)”、“反(向后)”及“停”3 种控制处,可用 3 只按钮,并装在同一按钮盒内;只需作“启动”及“停止”控制时,则用两只按钮,并装在同一按钮盒内。

2. 按钮的使用和维修

（1）按钮应安装牢固,接线应正确。通常红色按钮作停止用,绿色或黑色表示启动或通电。

（2）应经常检查按钮,及时清除它上面的尘垢,必要时采用密封措施。

（3）若发现按钮接触不良,应查明原因;若发生触点表面有损伤或尘

108

垢,应及时修复或清除。

（4）用于高温场合的按钮,因塑料受热易老化变形,而导致按钮松动,为防止因接线螺钉相碰而发生短路故障,应根据情况在安装时增设紧固圈或给接线螺钉套上绝缘管。

（5）带指示灯的按钮,一般不宜用于通电时间较长的场合,以免塑料件受热变形,造成更换灯泡困难,若欲使用,可降低灯泡电压,以延长使用寿命。

（6）安装按钮的按钮板或盒,应采用金属材料制成的,并与机械总接地线母线相连,悬挂式按钮应有专用接地线。

3. 按钮的常见故障及排除方法

按钮的常见故障及排除方法见表4-6。

表 4-6 按钮的常见故障及排除方法

常见故障	可能原因	排除方法
按下启动按钮时有触电感觉	（1）按钮的防护金属外壳与连接导线接触 （2）按钮帽的缝隙间充满铁屑,使其与导电部分形成通路	（1）检查按钮内连接导线 （2）清理按钮
停止按钮失灵,不能断开电路	（1）接线错误 （2）线头松动或搭接在一起 （3）灰尘过多或油污使停止按钮两动断触点形成短路 （4）胶木烧焦短路	（1）改正接线 （2）检查停止按钮接线 （3）清理按钮 （4）更换按钮
被控电器不动作	（1）被控电器损坏 （2）按钮复位弹簧损坏 （3）按钮接触不良	（1）检修被控电器 （2）修理或更换弹簧 （3）清理按钮触点

第5章 10kV以下架空线路

5.1 架空线路的结构

5.1.1 架空线路的组成

架空电力线路主要由基础、高压三线横担、横担、金具、绝缘子、导线和拉线组成,如图5-1所示。

图5-1 钢筋混凝土电杆装置示意图
1—低压绝缘子;2—花篮绝缘子;3—拉线;4—高压三线横担;
5—高压绝缘子;6—低压四线双横担。

5.1.2 架空导线的种类与选择

1. 常用架空导线的型号及用途
常用架空导线的型号及用途如表5-1所列。

表 5 - 1 常用架空导线的型号及用途

名　称		型号	截面/mm²	主要用途
铝绞线		LJ	10～600	用于挡距较小的一般配电线路
铝合金绞线	热处理型 非热处理型	HLJ HL₂J	10～600	用于一般输配电线路
钢芯铝绞线	普通型 轻型 加强型	LGJ LGJQ LGJJ	10～400 150～700 150～400	用于输配电线路
防腐钢芯 铝绞线	轻防腐 中防腐 重防腐	LGJF LGJF₂ LGJF₃	25～400	用于有腐蚀环境的输配电线路， 轻、中、重表示耐腐蚀能力的大小
铜绞线		TJ	10～400	用于特殊要求的输配电线路
镀锌钢绞线		GJ	2～260	用于农用架空线或避雷线

2. 架空裸导线的最小允许截面

架空裸导线的最小允许截面如表 5 - 2 所列。

表 5 - 2 架空裸导线的最小允许截面　　（单位:mm²）

导线种类	低压(1kV 以下)	高压(1kV 以上)	
		居民区	非居民区
铝及铝合金	16	35	25
钢芯铝线	16	25	16
铜线	6 （单股直径 3.2 mm）	16	16

3. 架空导线的选择

（1）架空导线应有足够的机械强度。

架空导线本身有一定的重量,在运行中还要受到风雨、冰雪等外力的作用,因此必须具有一定的机械强度,为了避免断线事故,铝导线的截面一般不宜小于 16mm²。中性线的截面不应小于相线截面的 1/2。

（2）架空导线的允许载流量应满足负荷的要求。

架空导线的实际负荷电流应小于导线的允许载流量。

（3）架空线路的电压损失不宜过大。

由于导线具有一定的电阻,电流通过架空导线时会产生电压损失,导线越细、越长,或负荷电流越大,电压损失就越大,线路末端的电压就越低,甚至不能满足用电设备的电压要求。因此在选择架空线路导线截面时,一般保证线路的电压损失不超过5%。

5.1.3　电杆的种类

电杆是用来支持架空导线的。把它埋设在地上,装上横担及绝缘子,导线固定在绝缘子上。电杆应有足够的机械强度、造价低及寿命长等条件。

电杆按受力情况的不同,一般可分为直线杆(即中间杆)、耐张杆(即分段杆)、终端杆、转角杆、分支杆、跨越杆5种电杆,如图5-2所示。

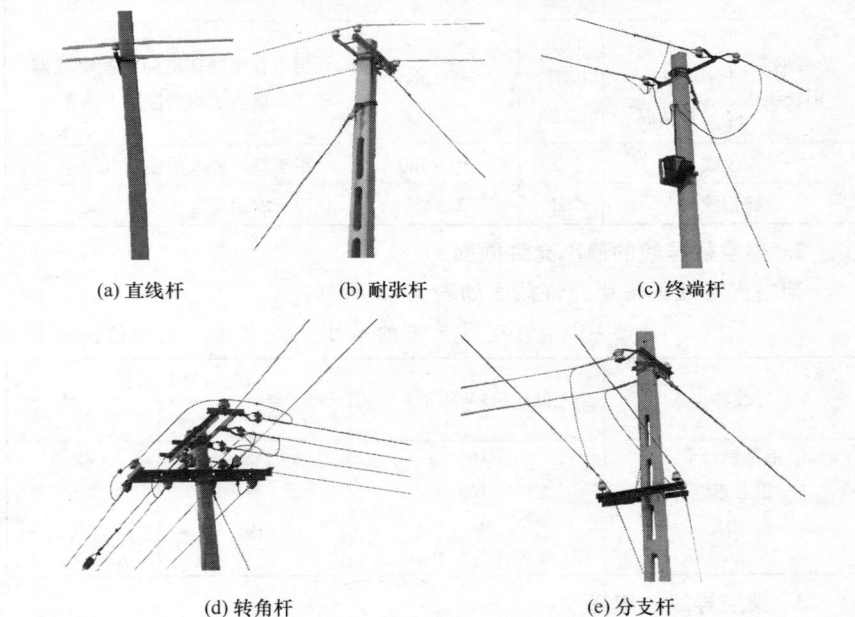

(a) 直线杆　　　　　(b) 耐张杆　　　　　(c) 终端杆

(d) 转角杆　　　　　　(e) 分支杆

图5-2　电杆的种类

1. 直线杆

位于线路的直线段上,占全部电杆数的80%以上,能承受导线、绝缘子、金具及凝结在导线上的冰雪重量,同时能承受侧面的风力。

2. 耐张杆

位于线路直线段上的几个直线杆之间或有特殊要求的地方,能承受一侧导线的拉力,当线路出现倒杆、断线事故时,能将事故限制在两根耐张杆之间,防止事故扩大。在施工时还能分段紧线。

112

3. 终端杆

位于线路的终端或首端,承受导线的一侧拉力。转角在 60° ~ 90°时应采用十字转角耐张杆。

4. 转角杆

位于线路改变方向的部位,能承受两侧导线的合力。转角在 15° ~ 30°时,宜采用直线转角杆;转角在 30° ~ 60°时,应采用转角耐张杆;当转角在 60° ~ 90°时,应采用十字转角耐张杆。

5. 分支杆

位于线路的分路处,向一侧分支的为 T 形分支杆;向两侧分支的为"十"字形分支杆。

5. 1. 4   横担的种类

横担是为安装绝缘子、开关设备、避雷器等用的。3 ~ 10kV 高压配电线路最好采用陶瓷横担,低压配电线路一般采用木横担或铁横担。横担的长度是根据导线的根数、相邻电杆间挡距的大小和线间距离决定的。常用横担如图 5 – 3 所示。

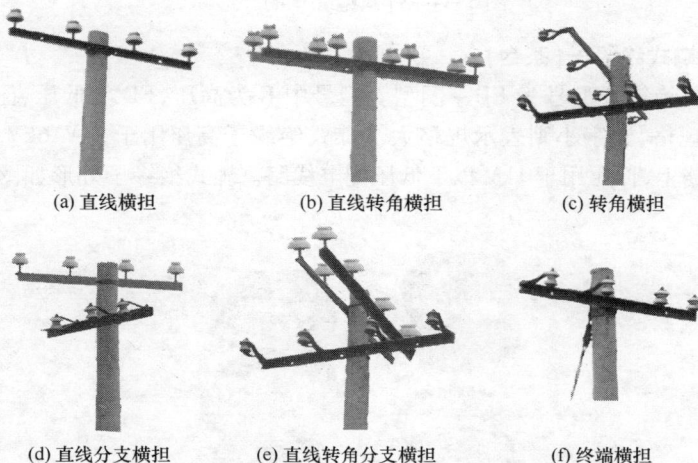

(a) 直线横担   (b) 直线转角横担   (c) 转角横担

(d) 直线分支横担   (e) 直线转角分支横担   (f) 终端横担

图 5 – 3   常见横担

5. 1. 5   绝缘子(瓷瓶)的种类

绝缘子是用来固定导线的,并使导线之间、导线与横担、电杆和大地之间绝缘。所以对绝缘的要求主要是能承受与线路相适应的电压,并且应当具有一定的机械强度。

1. 针式绝缘子(立瓶)

针式绝缘子型号为 P－□□型。型号中第一个□为额定电压 (kV),第二个□中 W 表示弯脚,T 表示用于铁担,M 表示用于木担。针式绝缘子高压用于 3kV、6kV、10kV 及 35kV 高压配电线路的直线杆和直线转角杆上,低压用于 1kV 以下低压配电线路上。针式绝缘子的外形如图 5－4 所示。

图 5－4 针式绝缘子的外形

2. 蝶式绝缘子(茶台)

碟式绝缘子型号为 ED－□型。型号中 E 为高压,ED 为低压,□中数字表示规格,数字小则表示规格大。碟式绝缘子高压用于 3kV、6kV、10kV 配电线路上,低压用于 1kV 以下低压配电线路。蝶式绝缘子外形如图 5－5 所示。

图 5－5 蝶式绝缘子外形

3. 悬式绝缘子

悬式绝缘子型号为 XP－□－□型。型号中第一个□中机电破坏负荷

114

及其数值(104)，第二个□中没字母表示球形连接，C 表示槽形连接。悬式绝缘子能承受较大的拉力，用于 35kV 以上线路或 10kV 线路的耐张、转角和终端杆上。使用时由多只串联起来，电压越高串得越多。悬式绝缘子的外形如图 5-6 所示。

图 5-6　悬式绝缘子外形

5.1.6　金具的种类

1. 悬垂线夹

悬垂线夹的型号为 XGU-□(A)型。型号中 X 为悬垂线夹，G 为固定，U 为 U 形螺丝式；□数字为适用于导线组合号，没有括号为悬垂线夹，有括号时 A 表示带碗头挂板，B 表示带 U 形挂板。悬垂线夹适用于架空线路直线杆塔悬挂导线。悬垂线夹的外形如图 5-7 所示。

图 5-7　悬垂线夹

2. 螺栓型耐张线夹

螺栓型耐张线夹的型号为 NLD-□型。型号中字母及数字含义为：N，耐张；L，螺栓；D，倒装式；数字，适用导线组合号。它适用于架空电力线路和变电站在耐张杆塔上固定中小截面铝绞线及钢芯铝绞线。耐张线夹的外形如图 5 – 8 所示。

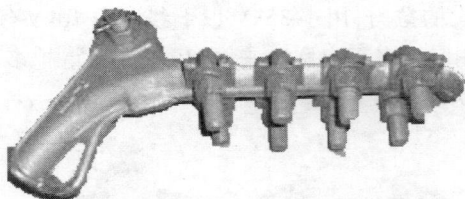

图 5 – 8　螺栓型耐张线夹

3. 压缩型耐张线夹

压缩型耐张线夹的型号为 NY 型。型号中字母及数字含义为:N,耐张;Y,压缩数字,适用导线或钢绞线标称截面;数字后面的字母表示导线类型,如 Q 为减轻型,J 为加强型。它适用于架空电力线路上以压缩方法接续钢绞线和钢芯铝绞线。压缩型耐张线夹的外形如图 5 – 9 所示。

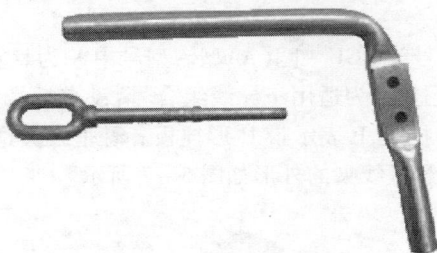

图 5 – 9　压缩型耐张线夹

4. 楔型耐张线夹

楔型耐张线夹的型号为 NX 型、MUT 型及 NU 型。型号中字母及数字含义为:N,耐张;X,楔;UT,U 形可调;U,U 形;数字,适用钢绞线组合号。它适用于架空电力线路上固定和调整钢绞线(作为避雷线或拉线)。NX 型楔型耐张线夹的外形如图 5 – 10 所示。

NUT 型及 NU 型楔型耐张线夹的外形如图 5 – 11 所示。

5. 碗头挂板

碗头挂板分为 W 型和 WS 型两种。型号中字母及数字含义为:W,碗头;WS,双联;数字,标称破坏负荷($\times 10^4$ N);附加字母 A,短;附加字母 B,长。它适用于架空电力线路和变电站连接悬式绝缘子串。碗头挂板的外形如图 5 – 12 所示。

116

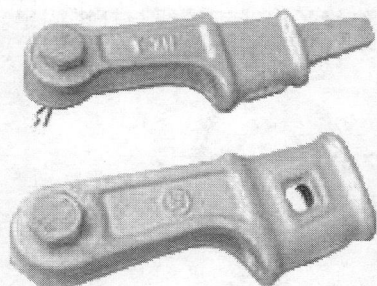

图 5 – 10　NX 型楔型耐张线夹

图 5 – 11　NUT 型及 NU 型楔型耐张线夹

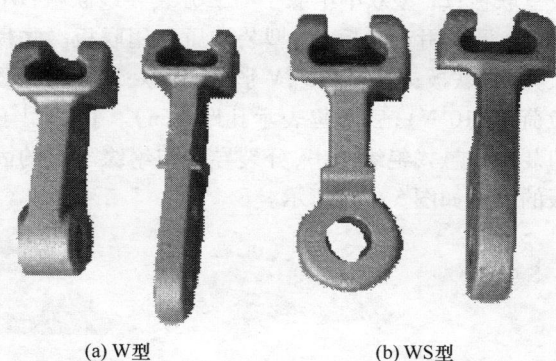

(a) W型　　　　　　　　　(b) WS型

图 5 – 12　碗头挂板

6. 球头挂环

　　球头挂环分为 Q 型和 QP 型两种。型号中字母及数字含义为:Q,球头挂环;QP,球头挂环(螺栓平面接触);数字,标称破坏负荷(×10⁴N)。它适用于架空电力线路和变电站连接悬式绝缘子串。球头挂环的外形如图 5 – 13 所示。

7. U 形挂环

　　U 形挂环分为 U 型和 UL 型两种。型号中字母及数字含义为:U,U 形挂环;UL,延长 U 形挂环;数字,标称破坏负荷(×10⁴N)。它适用于架空电力线路和变电站连接绝缘子串或钢绞线与杆塔固定。U 形挂环的外形如图 5-14 所示。

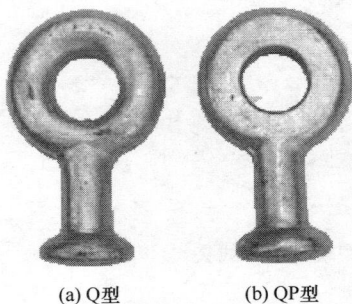

(a) Q型　　　(b) QP型

图 5-13　球头挂环　　　　图 5-14　U 形挂环

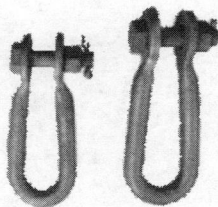

8. 联板

联板的形式有:L 形单串绝缘子与二分裂导线联板或双串绝缘子与单根导线联板及三联板;LF 型双串绝缘子与二分裂导线联板;LV 型双拉线并联联板;LS 型组合母线用双联板;LJ 型装均压环用联板。联板型号中字母及数字的含义为:L,联板;F,方形;V,V 形;S,双联;J,装均压环;数字,前两位表示破坏负荷(×10⁴N);后两位表示孔距(cm)。它适用于架空电力线路和变电站组装多串悬式绝缘子串,分裂导线与绝缘子串的固定及多根拉线并联。联板的外形如图 5-15 所示。

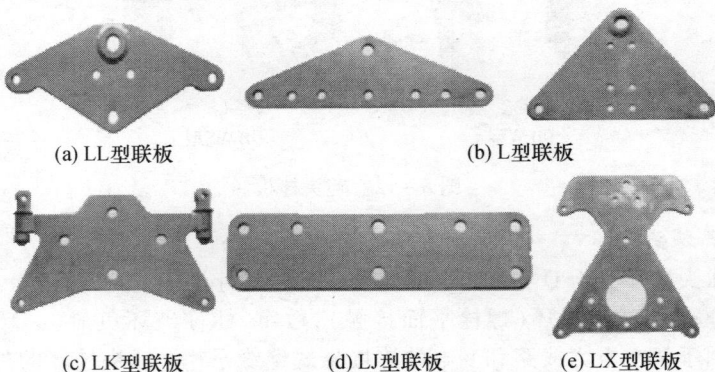

(a) LL型联板　　　　　　　　(b) L型联板

(c) LK型联板　　　(d) LJ型联板　　　(e) LX型联板

图 5-15　联板

9. U 形螺丝

U 形螺丝的型号为 U 形。型号中的数字含义为:前两位表示螺丝直径,单位为 mm;后两位表示螺丝间距,单位为 mm。它适用于架空电力线路连接绝缘子串与杆塔的固定。U 形螺丝的外形如图 5 – 16 所示。

10. 蝶形板

蝶形板的型号为 DB 型。型号中字母的含义为:D,蝶形;B,板;数字,标称破坏负荷(×10⁴N)。它适用于架空电力线路和变电站调整绝缘子串及导线的长度。蝶形板的外形如图 5 – 17 所示。

图 5 – 16　U 形螺丝　　　　　　　图 5 – 17　　蝶形板

11. PH、ZH 型挂环

PH、ZH 型挂环型号中字母及数字含义为:P,平行;Z,直角;H,环;数字,标称破坏负荷(×10⁴N)。它适用于架空电力线路和变电站连接绝缘子串。挂环的外形如图 5 – 18 所示。

(a) PH型　　　　　(b) ZH型

图 5 – 18　　挂环

5. 1. 7　拉线

当电杆可能出现受力不平衡时,必须用拉线固定电杆。常用低压拉线如图 5 – 19 所示。

1. 普通拉线

用于直线、终端、转角、耐张和分支杆补强所承受的外力作用。

2. 转角拉线

用于转角杆。

(a) 普通拉线　　　　　(b) 转角拉线　　　　　(c) 人字拉线

(d) 高桩拉线

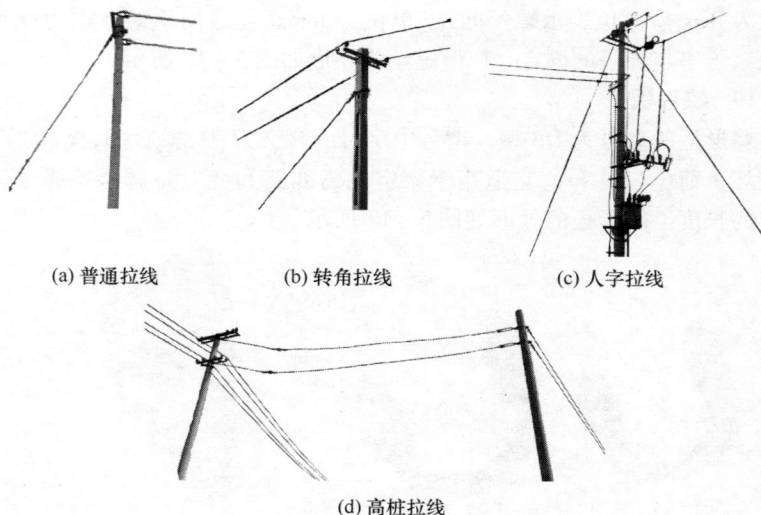

图 5 – 19　常见拉线

3. 人字拉线

用于基础不坚固、跨越加高杆或较长的耐张段中间的直线杆上。

4. 高桩拉线

用于跨越公路、渠道和交通要道处。

5.2　架空线路的施工

5.2.1　电杆的安装

1. 电杆的定位

1）直线单杆杆坑的定位

（1）在直线单杆杆位标桩处立直一根测杆（又称花杆），再在该标桩和前后相邻的杆坑标桩沿线路中心线各立直一根测杆，若 3 根测杆沿线路中心线在一直线上，则表示该直线单杆杆位标桩位置正确。

（2）在杆位标桩前后沿线路中心线各钉一个辅助标桩，将直角尺放在杆位杆桩上，使直角尺中心 A 与杆位标桩中心点重合，并使其垂边中心线 AC 与线路中心线重合，此时大直角尺底边 AB 即为线路中心线的垂线。

（3）在线路中心线的垂直线上于杆位标桩左右侧各钉一个辅助标桩，

120

以便校验杆坑位置和电杆是否立直,如图 5 - 20 所示。

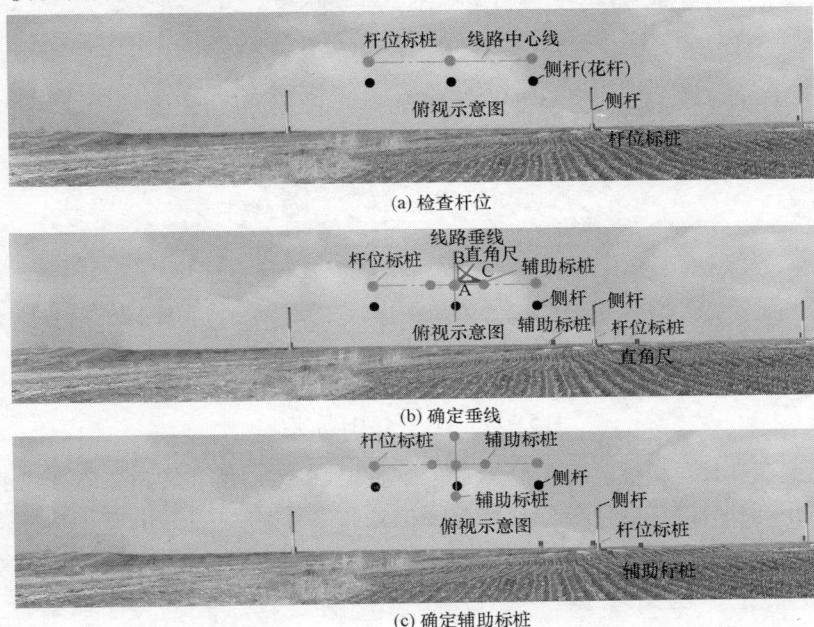

(a) 检查杆位

(b) 确定垂线

(c) 确定辅助标桩

图 5 - 20　直线单杆杆坑定位

2) 直线门型杆杆坑的定位

(1) 用与前述同样的方法找出线路中心线的垂直线。

(2) 用皮尺在杆位标桩的左右侧沿线路中心线的垂直线各量出两根电

杆中心线间的距离(简称根开)的 $\frac{1}{2}$,各钉一个杆坑中心桩,如图 5 - 21

所示。

3) 转角单杆杆坑的定位

(1) 在转角单杆杆位标桩前后邻近 4 个标桩中心点上各立直一根测
杆,从两侧各看 3 根测杆(被检查杆位标桩上的测杆从两侧看都包括它),
若转角杆标桩上的测杆正好位于所看两直线的交叉点上,则表示该标桩位
置正确。然后沿所看两直线(线路中心线)上在杆位标桩前后侧等距离处
各钉一辅助标桩,以备电杆及拉线坑画线和校验杆坑位置用。

(2) 将大直角尺底边中点 A 与杆位标桩中心点重合,并使大直角尺底
边 CD 与两辅助标桩连线平行,划出转角二等分线和转角二等分线的垂直

(a) 确定垂线

(b) 确定杆坑位置

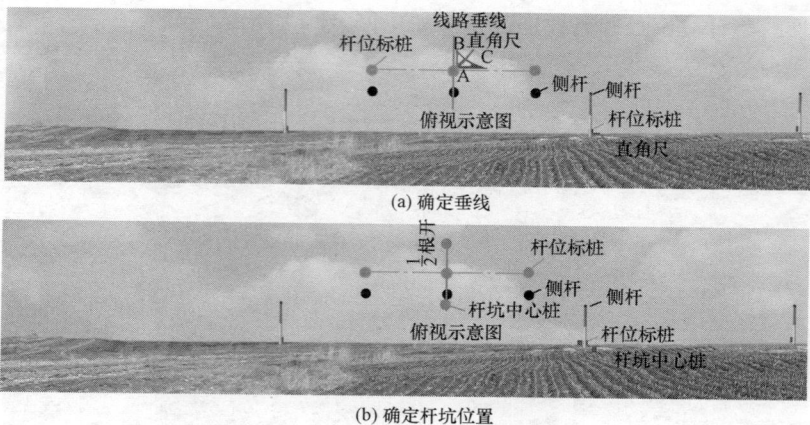

图 5 – 21   直线门型杆坑定位

线,然后在杆位标桩前后左右于转角二等分线的垂直线和转角二等分线上各钉一辅助标桩,以便校验杆坑挖掘位置和电杆是否立直用,如图 5 – 22 所示。

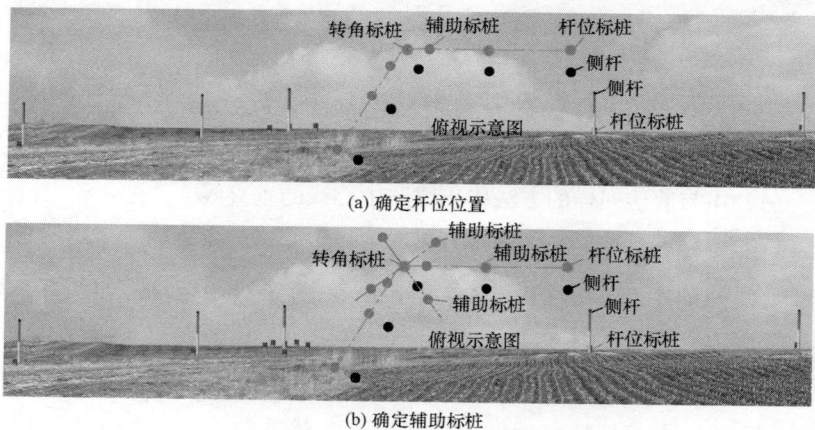

(a) 确定杆位位置

(b) 确定辅助标桩

图 5 – 22   转角单杆杆坑定位

4）转角门型杆杆坑的定位

（1）用与单杆转角同样的方法检查转角门型杆位标桩位置是否正确,并沿线路中性线离杆位标桩等距离处各钉一辅助标桩。

（2）用与单杆转角同样的方法划出转角二等分线和转角二等分线的垂直线。

122

（3）用直线门型杆相同的方法划出杆坑中心桩位置，如图 5 - 23 所示。

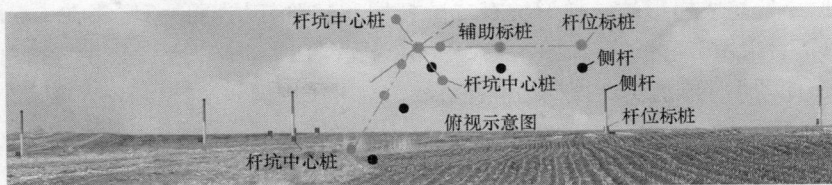

图 5 - 23　转角门型杆坑定位

2. 挖杆坑

1）杆坑形状

杆坑的形状一般分为圆形杆坑和梯形杆坑。电杆的埋入深度可按表 5 - 3 确定。杆坑的深度根据电杆的长度和土质的好坏而定，一般为杆长的 1/6 ~ 1/5。在普通黄土、黑土、沙质黏土等场合可埋深杆长的 1/6，在土质松软处及斜坡处应埋深些。

表 5 - 3　电杆的埋入深度　　　　　　　　（单位：m）

杆别	5	6	7	8	9	10	11	12	13	15
木杆	1.0	1.1	1.2	1.4	1.5	1.7	1.8	1.9	2.0	—
混凝土杆	—	—	1.2	1.4	1.5	1.7	1.8	2.0	2.2	2.5

2）挖杆坑

（1）挖圆形杆坑。对于不带卡盘的电杆，一般挖成圆形杆坑，圆形杆坑挖动的土量较少，对电杆的稳定性较好，如图 5 - 24 所示。

尺寸计算：
b=基础底面+（0.2~0.4）m；
B=b+0.4h+0.6m

图 5 - 24　圆形杆坑

123

（2）挖梯形杆坑。对于杆身较高较重及带有卡盘的电杆，为了立杆方便，一般挖成梯形坑。梯形坑有二阶杆坑和三阶杆坑两种。坑深在 1.6m 以下者采用二阶杆坑，如图 5 – 25 所示。坑深在 1.8m 以上者采用三阶杆坑，如图 5 – 26 所示。挖掘梯形杆坑的工具可采用镐和锹。

尺寸计算：
$b=$ 基础底面 $+(0.2\sim0.4)$m；
$B=1.2h$；
$c=0.35h$；
$d=0.2h$；
$e=0.3h$；
二阶杆坑 $g=0.7h$。

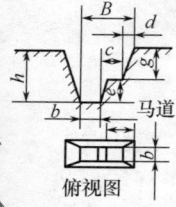

马道

俯视图

图 5 – 25　二阶梯形杆坑

尺寸计算：
三阶杆坑 $g=0.4h$；
$f=0.3h$；
其他尺寸同二阶杆坑。

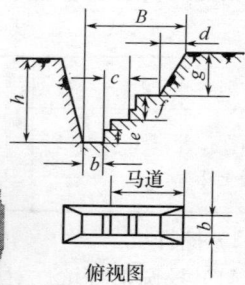

马道

俯视图

图 5 – 26　三阶梯形杆坑

（3）挖土时，杆坑的马道要开在立杆方向，挖出的土应堆放到离坑 0.5m 外的地方。

（4）当挖至一定深度坑内出水时，应在坑的一角深挖一个小坑集水，然后将水排出。

（5）杆坑的深度等于电杆埋设深度，如装底盘时，应加深底盘厚度。

3）竖杆

根据杆型与所用工具的不同，竖杆的方法也有多种，最常用的有 3 种：汽车起重机竖杆、架杆（又称叉杆）竖杆与专用机具竖杆。

（1）架杆（叉杆）竖杆。短于 8m 的混凝土杆和高于 8m 的木杆，可用架杆竖杆。

常用的架杆有 4m、5m、6m 长，高、中、低 3 副，梢径为 80 ~ 100mm。在距其根部 0.7 ~ 0.8m 处，穿有长 300 ~ 400mm 的螺栓，并用 φ4mm 的镀锌铁丝绑绕，以便手能握住，便于进行操作。在距杆顶 30mm 处，用长 0.5m 左右的钢丝绳或铁链连接，并用卡钉固定。架杆的方法如图 5 - 27 所示。

图 5 - 27　叉杆竖杆

首先在电杆顶部的左右两侧及后侧拴上两根或 3 根拉绳，以控制杆身，防止电杆竖立过程中倾倒。拉绳采用 φ25mm 的棕绳，每根绳子的长度不小于杆长的两倍。在电杆基杆中，竖一块木滑板，先将杆根移至坑边，对正马道，然后将电杆根部抵住木滑板，由人力用抬扛抬起电杆头后，用 2 ~ 3 副架杆撑顶电杆，边撑顶边交替向根部移动，使电杆逐渐竖起。当电杆竖起至 30°左右时，可抽出滑板，安装电杆竖直。最后，用两副架杆相对支持电杆以防电杆倾倒。待杆身调整、校直后可进行填土。

（2）专用机具竖杆。该机具主要由 3 根钢管制成的活动三脚架，其吊钩通过顶部的滑轮组与主杆上的双速绞磨连接。

使用方法如图 5 - 28 所示。

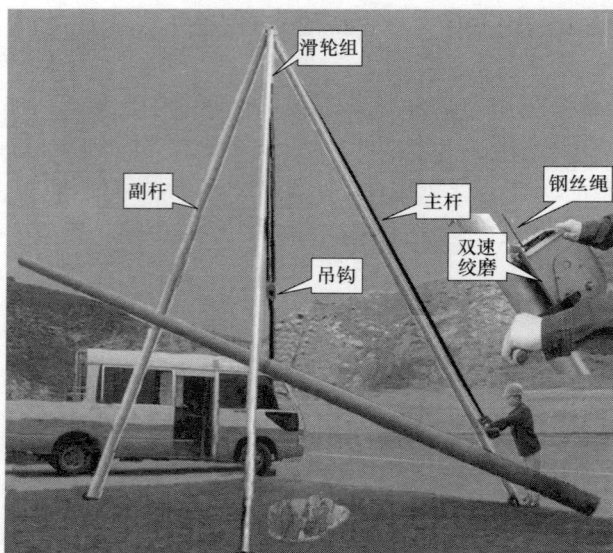

图 5 - 28　专用机具竖杆

（3）汽车起重机竖杆。汽车起重机竖杆比较安全,效率也高,适用于交通方便的地方,有条件的地方应尽量采用。

竖杆前先将汽车起重机开到距坑适当的位置并加以稳固,起吊时由一人指挥,当杆接近竖直时,将杆根移至杆坑口,当电杆完全入坑后,应校直电杆,并进行电杆的校直,方法如图 5 - 29 所示。

图 5 - 29　汽车起重机竖杆

4）埋杆

当电杆竖起并调整好后,即可用铁锹沿电杆四周将挖出的土填回坑内,回填土时,应将土块打碎,并清除土中的树根、杂草,必要时可在土中掺一些块石。每回填 500mm 土时,就夯实一次。对于松软土质,则应增加夯实次数或采取加固措施。夯实时,应在电杆的两侧交替进行,以防电杆的移位或倾斜。

回填土后的电杆基坑应设置防沉土层。土层上部不宜小于坑口面积;土层高度应超出地面 300mm,如图 5-30 所示。

图 5-30　埋杆

5.2.2　横担安装

为了施工方便,一般都在地面上将电杆顶部的横担、绝缘子及金具等全部组装完毕,然后整体立杆。

1. 直线杆铁横担的安装

将 U 形抱箍从电杆背部抱过杆身,将 U 形抱箍的两螺杆穿过横担的两孔(M 形垫铁已焊接在横担上),用螺母拧紧固定,如图 5-31 所示。

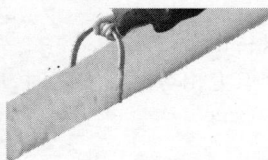

(a) U形抱箍抱过杆身　　　　　　　(b) U形抱箍杆穿过横担

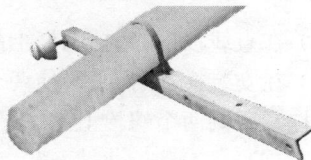

图 5-31　横担安装步骤

2. 瓷横担的安装

瓷横担用于直线杆上具有代替横担和绝缘子的双重作用,它的绝缘性能较好,断线时能自行转动,不致因一处断线而扩大事故。瓷横担的安装方法如图 5 - 32 所示。

图 5 - 32　瓷横担的安装

当直立安装时,顶端顺线路歪斜不应大于 10mm;当水平安装时,顶端宜向上翘起 5°~15°,顶端顺线路歪斜不应大于 20mm。

3. 横担安装位置

(1) 直线杆的横担应安装在受电侧(与电源相反的方向)。

(2) 转角杆、分支杆、终端杆以及受导线张力不平衡的地方,横担应安装在张力的反方向侧。

(3) 多层横担均应装在同一侧。

(4) 有弯曲的电杆、横担均应装在弯曲侧,并使电杆的弯曲部分与线路的方向一致。

4. 横担安装的注意事项

(1) 横担的上沿,应装在离杆顶 100mm 处;并应装得水平,其倾斜度不大于 1%。

(2) 在直线段内,每挡电杆上的横担必须互相平行。

(3) 在安装横担时,必须使两个固定螺栓承力相等。在安装时,应分次交替地拧紧两侧两个螺栓上的螺母。

5.2.3　绝缘子(瓷瓶)的安装

(1) 绝缘子的额定电压应符合线路电压等级要求。安装前检查有无损坏,并用2500V兆欧表测试其绝缘电阻,不应低于300MΩ。

（2）紧固横担和绝缘子等各部分的螺栓直径应大于16mm,绝缘子与铁横担之间应垫一层薄橡皮。

（3）螺栓应由上向下插入瓷瓶中心孔,螺母要拧在横担下方,螺栓两端均需套垫圈。

（4）螺母需拧紧,但不能压碎绝缘子。

（5）绝缘子安装应牢固,连接可靠,防止瓷裙积水。裙边与带电部位的间隙不应小于50mm。

（6）悬式绝缘子的安装,应使其与电杆、导线金具连接处无卡压现象。耐张串上的弹簧销子及穿钉应由上向下穿。悬垂串上的弹簧销子、螺栓及穿钉应向受电侧穿入。两边线应由内向外,中线应由左向右穿入。

5.2.4　拉线的制作

1. 拉线上把制作

拉线上把的制作步骤:先将拉线短头量出600mm,弯成环形穿入挂环内,并使其紧靠拉环,将绑线短头压在两线束之间,长头缠绕200～300mm后,在200mm稀疏地绕缠1～2回,再缠绕100mm,最后长短头互绞两回剪掉,如图5-33所示。

2. 拉线地锚把的制作

将拉线下部的上端折回约600mm,弯成环形,嵌进下把拉线棒的拉环内,并使其紧靠拉环,然后用以上方法缠绕150～200mm,如图5-34所示。

3. 安装拉线绝缘子

先由一人将拉线绝缘子握在手中,再由另一人将拉线的线束从拉线绝缘子线槽内绕过来,在距端头600mm的位置弯曲,形成两倍绝缘长左右的环形,调整使其线束整齐、严密。然后在紧靠绝缘子位置安装一个卡扣,在距限速150mm位置再安装一个卡扣,如图5-35所示。

5.2.5　安装导线

架空线路的导线,一般采用铝绞线。当10kV及以下的高压线路挡距或交叉挡距较长、杆位高差较大时,宜采用钢芯铝绞线。在沿海地区,由于盐雾或有化学腐蚀气体的存在,宜采用防腐铝绞线、铜绞线。在街道狭窄和建筑物稠密的地区,应采用绝缘导线。

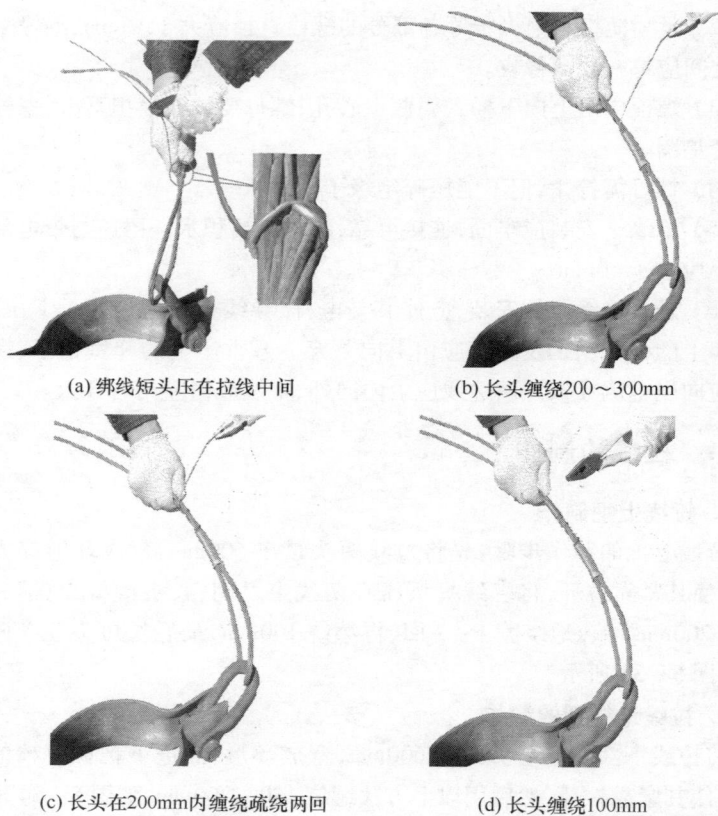

(a) 绑线短头压在拉线中间

(b) 长头缠绕200～300mm

(c) 长头在200mm内缠绕疏绕两回

(d) 长头缠绕100mm

图 5-33　拉线上把制作步骤

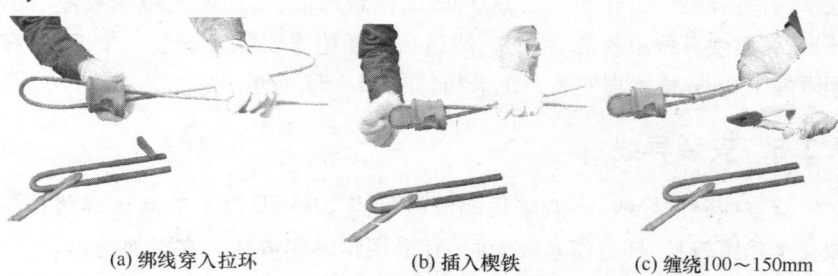

(a) 绑线穿入拉环

(b) 插入楔铁

(c) 缠绕100～150mm

图 5-34　拉线底把制作步骤

130

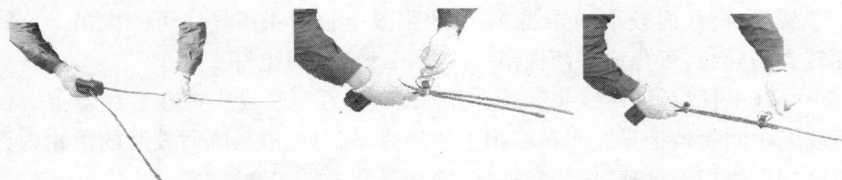

(a) 绑线短头压在拉线中间　　(b) 长头在200mm内缠绕疏绕两回　　(c) 长头缠绕100mm

图 5 - 35　拉线上把制作步骤

1. 放线

放线就是将成卷的导线沿着电杆的两侧放开,为将导线架设到横担上做准备。

放线前,应清除沿线的障碍物。在展放过程中,应对导线进行外观检查,导线不应发生磨伤、断股、扭曲等现象。

放线的方法一般有两种:一种是以一个耐张段为一个单元,把线路所需导线全部放出,置于电杆根部地面,然后按挡把全部耐张段导线同时吊上电杆;另一种是一边放出导线,一边逐挡吊线上杆。在放线过程中,如导线需要对接时,应在地面先用压接钳进行压接,再架线上杆。

2. 架线

架线是将展放在靠近电杆两侧地面上的导线架设到横担上。导线上杆,一般采用绳吊,如图 5 - 36 所示。

图 5 - 36　架线方法

架线时,截面较小的导线,一个耐张段全长的 4 根导线可一次吊上,截面较大的导线,可分成每两根吊一次。吊线应同时上杆。

导线上杆后,一端线头绑扎在绝缘子上,另一端线头夹在紧线器上,截面较大中间每档把导线布在横担上的绝缘子附近,嵌入临时安装的滑轮内,不能搁在横担上,以防导线在横担、绝缘子和电杆上摩擦。

中性线应放在电杆的内挡,三相四线在电杆上的排列相序一般为 L1、N、L2、L3 或 L1、L2、N、L3 等。

3. 紧线

紧线是在每个耐张段内进行的。紧线时,先把一端导线牢固地绑扎在绝缘子上,然后在另一端用紧线钳紧线,如图 5 - 37 所示。

紧线器定位钩要固定牢靠,以防紧线时打滑。紧线器的夹线钳口应尽可能拉长一些,以增加导线的收放幅度,便于调整导线垂弧的需要。

(a) 固定导线   (b) 拉紧

图 5 - 37 　拉线底把制作步骤

4. 固定导线

导线在绝缘子上的固定,均采用绑扎法,裸铝绞线因质地过软,而绑线较硬,且绑扎时用力较大,故在绑扎前需在铝绞线上包缠一层保护层,包缠长度以两端各伸出绑扎处 20mm 为准。

1)导线在蝶形绝缘子上的绑扎

(1)直线段导线的绑扎。

① 把导线紧贴在绝缘子颈部嵌线槽内,把扎线一端留出足够在嵌线槽子绕一圈和导线上绕 10 圈的长度,并使扎线与导线呈 X 状相交。

② 把扎线从导线右下侧线嵌线槽背后至导线左边下侧,按逆时针方向

围正面嵌线槽,从导线右边上侧绕出,接着将扎线贴紧并围绕绝缘子嵌线槽背后至导线左边下侧。

③ 在贴近绝缘子处开始,将扎线在导线上紧缠 10 圈后剪除余端。

④ 把扎线的另一端围绕嵌线槽背后至导线右边下侧,也在贴近绝缘子处开始,将扎线在导线上紧缠 10 圈后剪除余端,如图 5 - 38 所示。

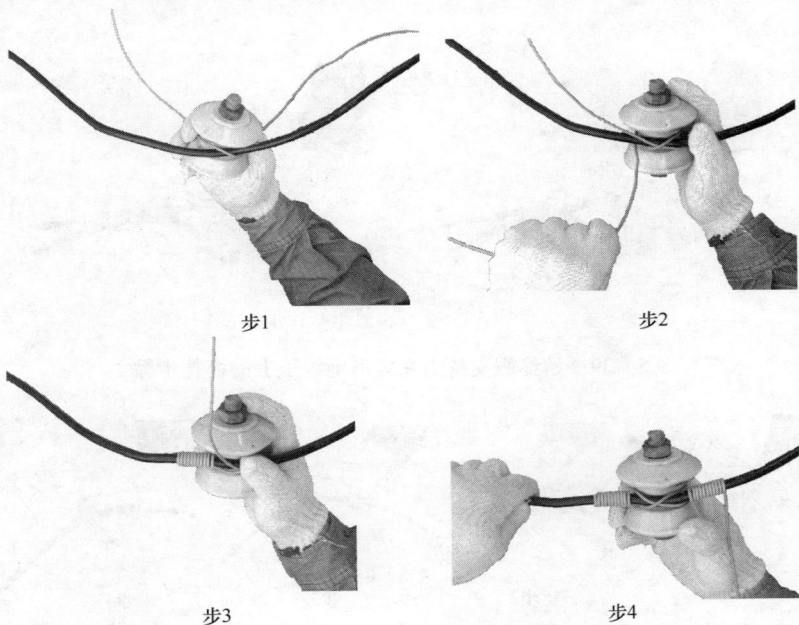

步1

步2

步3

步4

图 5 - 38　导线在蝶形绝缘子上的绑扎步骤

(2) 始终端支持点在蝶形绝缘子上的绑扎。

① 把导线末端先在绝缘子嵌线槽内围绕一圈。

② 把扎线短的一端从两导线中间拉过来。

③ 把扎线长的一端在贴近绝缘子处缠绕 4 圈后,将扎线短的一端压入并合处的凹缝中。

④ 扎线长的一端继续缠绕 10 圈,与短的一端互绞两圈,钳断余端,并紧贴在两导线的夹缝中,如图 5 - 39 所示。

2) 导线在针式绝缘子上的绑扎

(1) 顶绑法。导线在直线杆针式绝缘子上固定采用此方法,步骤如图 5 - 40 所示。

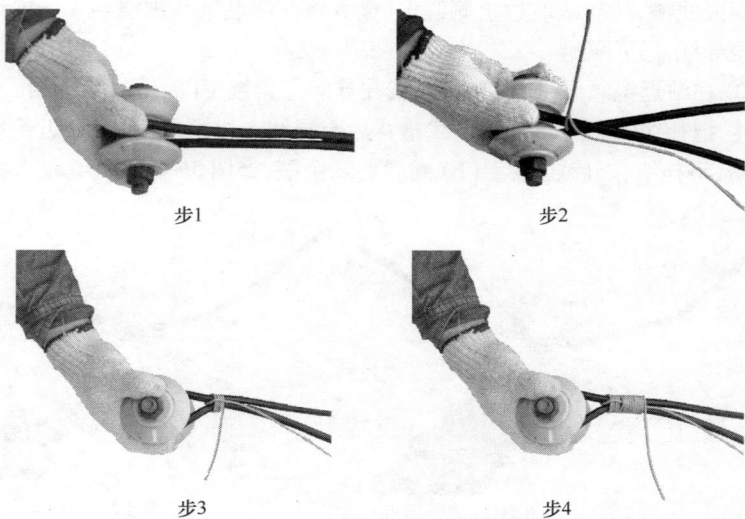

步1

步2

步3

步4

图 5-39　始终端支持点在蝶形绝缘子上的绑扎步骤

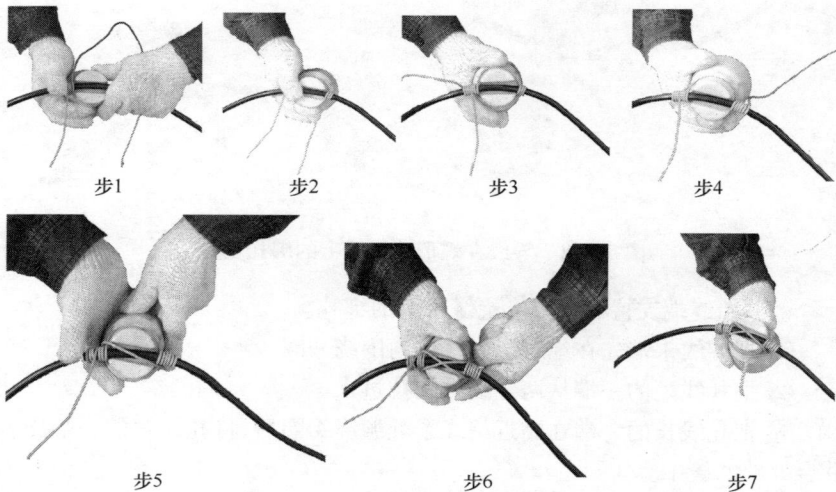

步1　　　　步2　　　　步3　　　　步4

步5　　　　　　　步6　　　　　　　步7

图 5-40　针式绝缘子顶绑法步骤

① 把导线嵌入绝缘子顶嵌线槽内,并在导线右端加上扎线,扎线在导线右边贴近绝缘子处紧绕 3 圈。

② 接着把扎线长的一端按顺时针方向从绝缘子颈槽中围绕到导线左

边下侧,并贴近绝缘子在导线上缠绕 3 圈。

③ 然后再按顺时针方向围绕绝缘子颈槽到导线右边下侧,并在右边导线上缠绕 3 圈(在原 3 圈扎线右侧)。

④ 然后再围绕绝缘子颈槽到导线左边下侧,继续缠绕导线 3 圈(也排列在原 3 圈左侧)。

⑤ 把扎线围绕绝缘子颈槽从右边导线下侧斜压住顶槽中的导线,并将扎线放到导线左边内侧;接着从导线左边下侧按逆时针方向的顶部绑扎围绕绝缘子颈槽到右边导线下侧。

⑥ 然后把扎线从导线右边下侧斜压住顶槽中导线,并绕到导线左边下侧,使顶槽中导线被扎线压呈 X 状。

⑦ 最后将扎线从导线左边下侧按顺时针方向围绕绝缘子颈槽到扎线的另一端,相交于绝缘子中间,并互绞 6 圈后剪去余端。

(2)侧绑法。导线在转角杆针式绝缘子上固定采用此方法,步骤如图 5 - 41 所示。

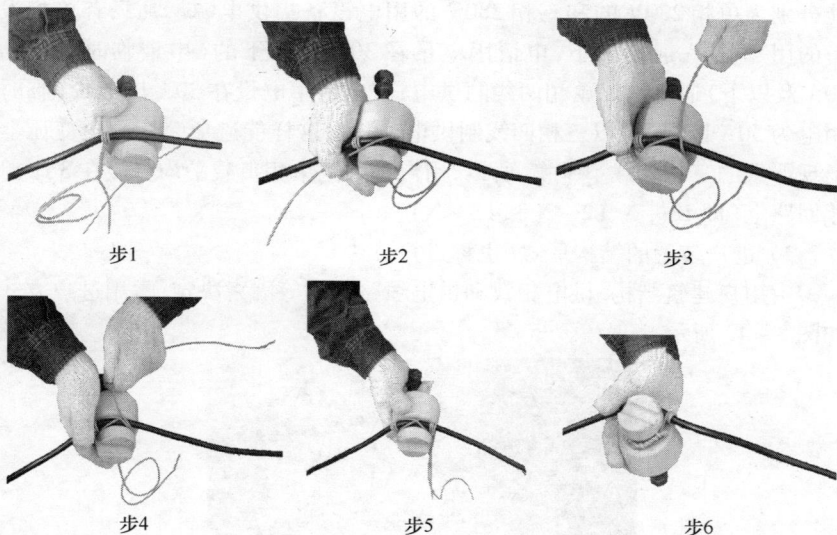

步1　　　　　　　　步2　　　　　　　　步3

步4　　　　　　　　步5　　　　　　　　步6

图 5 - 41　针式绝缘子上的侧绑步骤

① 把扎线短的一端在贴近绝缘子处的导线右边缠绕 3 圈,然后与另一端扎线互绞 6 圈,并把导线嵌入绝缘子颈部嵌线槽内。

② 接着把扎线从绝缘子背后紧紧地绕到导线的左下方。

③ 接着把扎线从导线的左下方围绕到导线右上方,并如同上法再把扎线绕绝缘子1圈。

④ 然后把扎线再围绕到导线左上方。

⑤ 继续将扎线绕到导线右下方,使扎线在导线上形呈 X 形的交绑状。

⑥ 最后把扎线围绕到导线左上方,并贴近绝缘子处紧缠导线3圈后,向绝缘子背部绕去,与另一端扎线紧绞6圈后剪去余端。

5.2.6 低压进户装置的安装

1. 进户方式

进户方式包括进户供电的相数和进户装置的结构形式及组成。

1)进户相数

电业部门根据低压用户的用电申请,将根据用户所在地的低压供电线路容量和用户分布等情况决定给予单相两线、两相三线、三相三线或三相四线制的供电方式。凡兼有单相和三相用电设备的用户,以三相四线制供电,能分别为单相 220V 的和三相 380V 的用电设备提供电源。凡只有单相设备的用户,在一般情况下,申请用电量在 30A 及以下的(申请临时用电为 50A 及以下)通常均以单相两线制供电;若申请用电量在 30A 以上的(临时用电为 50A 以上)应以三相四线制供电,因为,这样能避免公用配电变压器出现严重的三相负载不平衡,所以,用户必须把单相负载平均分接在 3 个单相回路上(即 L1 – N、L2 – N 和 L3 – N)。

2)进户装置的结构形式(也称进户方式)

由用户建筑结构、供电相数和供电线路状况等因素决定,常用进户方式如图 5 – 42 所示。

图 5 – 42 常见进户方式

3）进户装置的组成

进户装置由进户线、进户管、进户杆以及电业部门的接户线四部分组成，并构成两个点，即进户点和接户点。进户点是进户线穿过墙壁通入户内的一点，穿墙的一段进户线必须用管子加以保护，接户点是进户线在接户线上引接电源的一点。

2. 低压进户装置的安装

1）进户线

进户线的最小截面积规定为：铜芯绝缘导线不得小于 1.5mm^2，铝芯绝缘导线不得小于 2.5mm^2。进户线在安装时应有足够的长度，户外一端应保持近 200mm 的弛度。

进户线的户外侧一端长度，在出管口后应保持 800mm 纯长（不包括与接户线的连接部分长度）；否则，不能保证有近似 200mm 的弛度；户内侧一端长度，应保证能接入总熔断器盒内，一般应保证达到总熔断器盒木板上沿以下的 150mm 处。

凡采用截面积为 35mm^2 及以上的导线时，为了防止雨水因虹吸作用而渗入户内，应在导线弛度的最低处将绝缘层开个缺口，能让雨水顺缺口漏下。

2）进户管

进户管是用来保护进户线的，分有瓷管、钢管和硬塑料管 3 种。瓷管又分为弯口和反口两种。各种进户管的规格和安装要求如下。

（1）瓷管。进户线的截面积不大于 50mm^2 时，采用弯口瓷管，大于 50mm^2 时，采用反口瓷管。规定一根导线单独穿一根瓷管，不可一管穿多根导线；否则会因瓷管破碎时损坏导线绝缘而造成短路事故。瓷管管径按导线粗细来选配，一般以导线截面积（包括绝缘层）占瓷管有效截面积的 40% 左右为选用标准，但最小的管径不可小于 16mm。安装时，弯口瓷管的弯口应朝向地面，反口瓷管户外一端应稍低，以防雨水灌进户内。当一根瓷管长度不够穿越墙的厚度时，允许用同管径反口瓷管接长，但连接处必须平服、密缝。

（2）钢管或硬塑料管。应把所有的进户线穿在同一根管内，管径大小应根据导线的粗细和根数选用，导线占管内的有效面积和最小管径的规定与瓷管相同。凡有裂缝和瘪陷等缺损的钢管及硬塑料管均不能使用。在安装前，钢管应经过防锈处理，如镀锌或涂漆。管内和管口处不能存有毛刺。管子伸出户外的一端应制成防雨弯。钢管的两端管口皆应加装护圈。进户钢管(或硬塑料管)装在进户杆上时应装在横担下方,管口与接户点之间应保持 0.5m 的距离。进户钢管的壁厚不应小于 2.5mm;进户硬塑料管的壁厚不应小于 2mm。

5.3 架空线路的运行与检修

5.3.1 架空线路的运行

1. 架空线路巡视分类

(1)定期巡视。一般每月不少于一次,雷雨季节应适当增加巡视次数。

(2)特殊巡视。一般在用电高峰或台风、雷雨等特殊气候变化时应进行特殊巡视。

(3)故障巡视。当线路发生跳闸等故障时应进行巡视。

2. 架空线路巡视的主要内容

(1)检查线路防护区内有无草堆、木材堆和危及线路安全运行的树枝。附近有无植树、挖土、土石方爆破开挖工程等。线路附近有无架设电视天线、广播线、电话线、其他电力线等,其相隔距离是否符合规程要求。检查电杆基础有没有被洪水冲刷的危险。

(2)检查电杆有无倾斜,基础是否有下沉,水泥电杆的混凝土有无脱落,钢筋有无外漏,杆身有无裂纹。电杆上有无鸟巢及其他杂物,电杆各部件的连接是否牢固,有无螺钉松动或锈蚀情况,如图 5 - 43 所示。

(3)检查横担有无歪斜、弯曲变形、生锈,陶瓷横担有无破损和裂纹。

(4)检查拉线及其部件是否完好,是否有锈蚀、松弛、断股、抽筋等现象。拉线的连接是否牢固,拉线基础周围是否有挖土行为,拉线棒是否锈蚀,拉线 UT 型线夹的螺钉是否完整、紧固,如图 5 - 44 所示。

拉线角度是否符合要求。拉线绝缘子的安装是否符合要求、有无破损。道路两旁的拉线有无被车辆碰撞的危险。

(5)检查导线有无腐蚀、断股、损伤或闪络烧伤的痕迹,导线接头是否完好、是否过多。检查导线的弧垂是否符合要求。检查导线对地面或其他建筑物以及线路交叉跨越的距离是否符合要求,导线在绝缘子上的绑扎是否牢固,绑线是否松动,导线上是否有悬挂物。

(6)检查绝缘子有无脏污、闪络烧伤痕迹、裂纹、破损和歪斜,检查绝缘子上的金具、铁脚等有无锈蚀、松动、缺少螺母及开口销脱落丢失等现

图 5 – 43　电杆裂纹

图 5 – 44　拉线棒锈蚀

象,如图 5 – 45、图 5 – 46 所示。

图 5 – 45　绝缘子破损

图 5 – 46　绝缘子金具松动

　　(7) 检查线路的防雷接地装置是否良好,有无锈蚀、烧伤情况,接地引下线有无断股、损坏,引下线连接是否牢固。

　　(8) 检查线路名称、杆号、变压器台的编号、色标及各种相位标志、警告标志牌等是否完整、清晰、明显。

　　3. 架空线路巡视的方法和要求

　　单人巡视检查线路时,禁止登杆,以防无人监视造成触电。巡视时如发现导线断落或悬吊空中,应设法防止行人靠近断线地点 8 ~ 10m 以内,以防跨步电压触电。同时应及时向有关部门汇报,等候处理。

在巡视检查线路时,一定要逐杆进行,不遗漏任何元件。对检查中发现的缺陷,应详细做好记录,能立即处理的缺陷,特别是威胁安全运行的缺陷,要尽早处理或采取临时补救措施。

线路检查的方法,一般可采用三点观察法,即巡线人员站在电杆周围,从 3 个不同角度对电杆上的每一个元件进行检查。在检查时,人要背着阳光,眼睛顺着阳光方向去检查。每检查三、四根电杆后,要回过头来,站在电杆底下,检查电杆有无倾斜。

线路除进行定期检查外,在气候剧烈变化(如大风、大雷雨、大雾、大雪、冰雹等)和发生洪水泛滥、线路周围着火以及用电高峰季节,应对线路进行特殊巡视,以便及时发现线路的异常现象及零部件的损坏变形。在大风巡视时,要站在线路的上风侧。

当线路发生跳闸后,应立即进行巡视,尽快查明故障地点和原因,及时处理和恢复送电。在事故巡视时,应始终认为线路带电,即使明知该线路已停电,也应认为线路随时有恢复送电的可能。所以,在未采取安全措施之前,不允许登杆抢修。

4. 架空线路巡视注意事项

1)正常巡视架空线路时的注意事项

(1)走路时扎脚。在进行线路巡视时,严禁光脚、穿凉鞋和便装鞋,应按要求穿合格的电工专用绝缘鞋。

(2)被狗咬伤。当进入村庄进行线路巡视时,在可能有狗的地方要先大声喊叫试探,做好防止被狗咬伤的防范措施。

(3)被蛇咬伤。在进入草丛、树木密集地带进行线路巡视时,应带一根较长的大棍或树枝条,边走边打草丛和树木,惊动蛇,避免被蛇咬伤。

(4)当心摔伤。在雨后或遇到泥泞的道路时,要当心路滑、摔伤,应慢慢行走,加倍小心,在过沟、山崖、墙坝等障碍物时,要特别小心,谨防摔倒。

(5)被马蜂蜇伤。特别是在夏、秋季进行线路巡视时,要注意不要被马蜂蜇伤,发现马蜂窝时,不要靠近,更不能触碰。

(6)从高空坠落。在单人巡视时,禁止攀登电杆、铁塔和变台等。

(7)溺水伤亡。在线路巡视工作中任何人不得穿过不知深浅、不知底细的水域和薄冰。

(8)巡视中走失。在夜间、暑天和大雪天(特别是偏僻山区)巡视必须由两人进行;夜间巡视时,巡视人员应配备有效的照明工具。

2）故障巡视架空电力线路时的注意事项

（1）架空电力线路事故巡视应始终认为线路有电，即使明知该线路已停电，亦认为线路随时有恢复送电的可能。

（2）巡视的过程中，若发现导线断落地面或悬吊空中，应设法防止行人靠近断线点 8mm 以内，并迅速报告上级领导，等候处理。

（3）进行巡视线路时，应沿线路的外侧行走，大风时，应沿线路的上风侧行走，以防发生意外事故。

（4）需要登杆时，应在有监护人的情况下进行，并要先验电；安全帽、安全带等防护用品佩戴齐全。与带电导体要保持足够的安全距离。

5. 架空配电线路的缺陷分类

架空配电线路的缺陷按其严重程度，可分为一般缺陷、重大缺陷和紧急缺陷。

（1）一般缺陷。一般缺陷是指对设备近期运行影响不大的设备缺陷，一般可列入季度或年度检修计划中予以处理，如轻微的部件锈蚀、轻微的电杆裂纹等近期不会影响安全运行的缺陷。

（2）重大缺陷。重大缺陷是指设备在短期内能坚持安全运行，但必须在处理前加强监视的设备缺陷。重大缺陷已经发现，必须由主管线路运行部门的技术人员、专责人员进行复查鉴定，并提出具体的修复方案和期限。

（3）紧急缺陷。紧急缺陷是指严重影响安全运行，设备缺陷程度随时都可能导致线路出现事故的缺陷。紧急缺陷已经发现，必须尽快予以解决或采取有效补救措施。巡线工发现紧急缺陷后，应立即向主管部门回报，并采取安全措施，如停电等。主管部门及线路专责人接到汇报后，应立即通知值班调度人员，组织人力采取措施尽快进行处理。

6. 架空线路的缺陷管理

（1）缺陷的记录与整理。对缺陷的管理首先要做好记录，发现缺陷后，要及时做好记录，这样不仅可以通过各条线路情况的技术档案了解其运行状况并采取相应措施，还可以通过查阅缺陷记录了解缺陷从发现、发展直到发生故障的过程，从中找出设备恶化的规律。另外，还可以利用缺陷记录作为历史资料进行事故分析，分清各级责任。

其次，要做好缺陷记录的整理工作，巡线工在巡线时，由于受现场条件限制，进行记录时往往采用各自的习惯方式记录，难免出现凌乱、不整齐等情况，需要对其进行必要的整理，作进一步的汇总。有时对一条线路的巡视是派出多人进行，更有必要将多人所记录的缺陷记录进行汇合整理，以便形成合格的资料。

（2）缺陷的分级管理。缺陷的存在是线路安全运行的隐患,确保线路的安全运行,应把消除隐患当作重要工作对待。线路的缺陷分级管理一般分为以下几种。

① 一般缺陷。由巡线工填写缺陷记录,待合适时机由检修人员进行检修。

② 重大缺陷。在巡线工报告后,线路主管部门及有关人员对现场进行复核和鉴定,提出具体方案,待上级部门批准后实施。

③ 紧急缺陷。应立即向上级生产部门上报,采取安全技术措施后,迅速组织力量进行抢修。

缺陷消除后,应在缺陷记录本上详细记录下缺陷的消除情况,如消缺人、消缺时间等,消除人本人要鉴字。

5.3.2　架空线路的维护与检修

1. 恢复性检修内容

1）电杆的检修内容

（1）对全部线路进行一次登杆检查、清扫。

（2）挟正倾斜的电杆,对电杆基础进行填土夯实,特别要加固位于水田或土质松软地带的电杆基础。

（3）修补有裂纹、露钢筋的水泥电杆。

（4）紧固电杆各部分的连接螺母。

2）导线的检修内容

（1）调整导线的弧垂。

（2）修补或更换受损伤的导线。

（3）调整交叉跨越距离。

（4）处理接触不良的接头和松弛、脱落的绑线。

（5）根据负载的增长情况,更换某些线段或支线的导线。

3）绝缘子的检修内容

（1）清扫所有的绝缘子。

（2）更换劣质或损坏的绝缘子或瓷横担。

（3）更换损坏或锈蚀严重的金具和其他个别零件。

4）横担的检修内容

（1）调正歪斜的横担。

（2）紧固各部螺钉。

（3）对锈蚀的横担除锈刷漆。

2. 日常维护的内容

（1）修剪或砍伐影响线路安全运行的树木。

（2）对基础下沉的电杆进行填土夯实。

（3）修整松弛、受损的拉线，紧固拉线上的 UT 型线夹。

（4）清除电杆上的鸟巢。

（5）修补断股、烧伤的导线。

（6）修理接户线和进户线。

（7）及时拆除停用的临时线路和设备。

（8）修理动力及照明线路。

3. 架空线路常见故障

架空线路常见的故障有断路、短路和漏电，其中漏电故障最为多见，其漏电点在多数情况下比较隐蔽，较难查寻。常见的电杆故障有倒杆、断杆、断横担等；导线故障有断杆、混线、接头脱落等；绝缘子故障有裂纹、破损、污秽等。

4. 架空线路常见故障的预防

（1）防污。要在污秽季节到来之前，抓紧对绝缘子进行测试、清扫。

（2）防雷。雷雨季节前要做好防雷设备的试验、检查和安装，按期完成接地装置电阻的测试，更换损坏的绝缘子。

（3）防暑度夏。高温季节前，要做好导线弧垂的检查和测量，特别是交叉跨越档的检查，防止因弧垂增大导致混线、对地距离不够而发生事故。对满负载和可能过负载的线路与设备，要加强温度监视与接头的检查。

（4）防寒防冻。在严冬来临前，检查导线弧垂，过紧的要及时调整，防止断线，同时还要观察气候变化，防止导线结冰的发生。

（5）防风。风季前，要做好电杆杆基的加固，清除线路近旁杂物，剪除导线两侧近的树枝，以免碰触导线，造成事故。

（6）防汛。雨季前应对在河道附近易受冲刷或因挖渠、取土等造成杆基不稳的电杆，要因地采取加固措施（如培土、打拉线、筑防水墙等），防止冲刷电杆。

此外，还要做好以下工作：加强线路防护的宣传和防护措施；在绝缘子表面涂硅油；重点检查导线接头质量；注意做好防鸟害、防车撞、防船桅杆碰线、防风筝等外力的破坏。

5. 架空线路验电注意事项

（1）使用高压验电器时必须戴绝缘手套,湿度大的天气还应穿绝缘靴。验电时,应让验电器顶端的感应部分逐渐接近目标,不宜直接接触电气设备或导线,安全距离不应小于0.3m。

（2）必须使用与被测线路设备相同的电压等级、经定期试验并已验证合格的验电器。

（3）验电时必须有专人监护。

（4）验电时必须选择好站立位置,站稳脚跟。

（5）同杆架设的多层次电压等级的线路,应先验低压,后验高压;先验下层,后验上层。

6. 线路设备检修作业挂、拆接地线时的注意事项

（1）应在现场作业负责人的监护下,由熟练工人操作。

（2）线路设备的检修作业,必须先进行验电,以防变电运行人员的误操作或附近小发电机组倒送电的情况发生。

（3）挂、拆接地线时,应使用绝缘棒。

（4）在装有电容的线路设备上挂接地线时,应先对线路设备进行放电。

（5）接地线的接地体要合格,要有足够的打入土壤深度,土壤比较干燥的接地点,应有相应的降低土壤电阻率的措施。

（6）接地线应使用多股裸软铜线,截面不应小于25mm^2,并由专用线夹固定在导线上,禁止用缠绕的方法连接。

（7）接地线与检修部分之间不应连接有开关或熔断器。

（8）线路设备检修部分两侧均应挂接地线。

（9）挂接地线时,应先打入接地体,后挂导线或设备;在多回路多层次线路上挂接地线时,应先挂低压,后挂高压;先挂下层,后挂上层。

（10）拆接地线时,与挂接地线时的顺序相反。

7. 检修架空线路的注意事项

（1）检修线路应由乡镇供电所统一组织,指定经考试合格的人作为负责人,办理工作票。

（2）检修前,应召开班前会,工作负责人应向全体工作人员讲明工作内容、工作范围、工作分工、停电和送电时间,拉合哪些开关和熔断器,挂接地线的位置及负责挂接地线的人员以及检修中应注意的安全事项等。

（3）工作开始前,必须经工作负责人许可后,工作人员才可以登杆工作。

（4）杆上有人工作时，杆下应有人监护。

（5）工作结束后，应在工作人员全部从杆上撤下，并拆除所有接地线，由工作负责人进行全面检验核对无误即无任何问题后，方可合闸送电。

（6）检修低压线路也必须停电并办理低压工作票，一般应由工作负责人亲自拉开低压线路负载开关，并取下熔丝管，然后挂上"禁止合闸、线路有人工作"的标示牌，并用锁把负载开关箱或配电室的门锁好，保管好钥匙；在无法上锁的地方，拉闸后除挂上"禁止合闸，线路有人工作"的标示牌以外，还要派专人看守，以防他人合闸送电。

工作前，要派专人用验电笔验明确无电压后，立即在工作地段两端装设好接地线。挂接地线时，应先把接地棒打入地中，然后把三相短路接地线挂在导线上。拆除接地线时，顺序与此相反。

（7）上杆前要检查脚扣、安全带等工具是否完整牢靠；否则严禁使用，以免发生事故。在电杆上工作必须使用安全带，安全带要系在电杆上，注意防止安全带从杆顶脱出，系好安全带后应检查扣环是否扣牢。杆上作业时应始终系好安全带。

（8）使用梯子时，下面要有人扶持或绑牢。

（9）若进行导线拆除工作，在放导线前，应检查杆根、拉线是否牢固，若不够牢固应加设临时拉绳加固，进行松导线时应用绳子拴好导线，一根一根慢慢地松，严禁采用突然剪断导线的做法松线，以防造成倒杆及人身危险事故。

（10）现场工作人员应戴安全帽，杆上人员不得往杆下扔东西，上下传递材料、工具等时，要使用绳索和工具袋。

8. 线路检修应注意的安全事项

（1）严禁不持工作票进行作业。

（2）严禁不按操作票进行操作。

（3）严禁在作业区不装设封闭接地线作业。

（4）严禁不拉开跌落开关带电上台架进行作业。

（5）严禁在无人监护的情况下进行操作与作业。

（6）严禁任何形式的约时停、送电。

9. 农电工外线作业的安全常识

1）立杆和撤杆作业

（1）立杆、撤杆前应确定好立杆、撤杆的方法，明确分工，统一指挥。严禁工作人员不听指挥，不服从号令，各行其是。

（2）立杆、撤杆前应仔细检查立杆、撤杆工具。叉杆、拦护绳应牢固、无霉烂、无缺损，严禁用木棒随意代替叉杆。

（3）立杆、撤杆现场严禁非工作人员逗留。非工作人员应在杆高 1.2 倍距离以外。

（4）电杆起立或放倒时，严禁任何人在杆下逗留。工作人员应分布在电杆两侧，以防电杆突然落下伤人。

（5）立杆时，严禁工作人员在杆坑内进行挖土等工作。

（6）电杆立正以后要立即回填土。回填土要分层夯实，层厚不得超过 300mm。回填土未夯实前，不准登杆，也不准拆去护绳。

2）登杆作业

（1）登杆前应仔细检查登杆工具是否牢固，如脚扣、安全带等，并检查电杆是否牢固。确认登杆工具和电杆都无问题后方可登杆。

（2）杆上作业时，两脚应在踩板或脚扣上，同时应可靠地系好安全带，严禁徒手赤脚登杆；严禁不系安全带进行杆上作业。作业移位时不得失去安全带保护。

（3）杆上作业人员和杆下辅助人员均应戴安全帽。杆上有人作业时，杆下不得有任何人逗留，以防杆上掉物伤人。

（4）登杆作业所用的工具及零星材料应装入工具袋内随人带上或吊绳吊上。需传递物件时应用吊绳传递，不得自上而下或自下而上抛掷。

（5）遇有五级以上大风或雷雨时，严禁登杆。停电检修的线路在未验明导线确实不带电前，和未装设安全接地线前，严禁登杆。

（6）杆上有人工作时不得调整或拆除拉线。

3）放线、拆线和紧线作业

（1）放线、拆线和紧线工作应设专人统一指挥，统一号令。放线前对放线廊道内的交叉、跨越物逐一登记，逐一制定过线方案，确保紧线时导线无障碍物挂住。

（2）放线、拆线时，对铁路、公路、通信线路、电力线路，要搭设跨越架，并应有专人看守。

（3）拉线未紧好前，严禁拆线、紧线。拆线、紧线时，受力的拉线应有专人看守，发现异常情况应立即报告并采取相应措施。

（4）拆线、紧线前应仔细检查紧线工具是否完好。紧线工具残缺、破损或强度不够时，不准用于拆线、紧线。

（5）紧线时，禁止在紧线的一侧上下电杆或进行工作，也不得在转角杆

146

内角侧上下电杆或进行工作。工作人员不得跨在导线上或站在导线内角侧，以防意外跑线伤人。

（6）严禁用突然剪断导线的方法松线。

10. 架空线路漏电故障点位置的查找

首先应根据自己所熟悉的低压网络状况，认真分析有可能发生故障的位置。例如，先分路进行拉闸测试，并确定是哪一相相线漏电。有地埋线线路的低压网络，应首先断开地埋线路，并用地埋线故障探测仪查找，或对动力生产线路的电动机等用电设备进行测试。

通过以上查找，仍没有找到故障点，就要查找照明线路及照明设备和电器。认真分析故障点可能会发生在哪个范围。在确定某一路某一相之后，把漏电某一根相线从大致 1/2 处分段分别测试，如果测试前半部分线路仍表现为漏电，则可以集中精力查找前半部分线路，以此类推，直至找出漏电故障点，恢复正常供电为止。

在查找照明户漏电时，可将接户线处安装的熔断器断开进行测试，即可找到故障点。

在查找漏电故障点时，不要忽视裸铝线与绝缘子、金具接触处的一些不安全因素所导致的泄漏故障及配电屏上某些元件、导线接头失修或电工工作中留下的一些隐患导致泄漏接地。

第6章 室内配线

6.1 概 述

6.1.1 室内配线的种类

室内配线就是常说的内线工程。按敷线的方式分为明配线和暗配线两种。导线沿墙壁、天花板、桁架及柱子等明敷设称为明配线。明配线方式通常有瓷(塑)夹板配线、瓷瓶配线、瓷珠(瓷柱)配线、槽板配线、钢(塑料)管配线、铅皮卡(钢精轧头)配线以及钢索配线等。导线穿管埋设在墙内、地坪内,装设在顶棚内称为暗配线。暗配线需与土建施工配合,而且与土建结构、配电箱、盘、柜的安装方式有关,如何进行室内配线,必须按设计要求进行施工。通常是明配管对应于明配电箱、盒、盘;暗配管对应于暗装箱、盘。

6.1.2 室内配线的技术要求

(1)使用导线的额定电压应大于线路的工作电压。导线的绝缘应符合线路的安装方式和敷设的环境条件。导线的截面应满足供电和机械强度的要求。

(2)导线应尽量避免有接头,因为常常由于导线接头不好而造成事故。接头必须采取压接方式和焊接方式。导线连接和分支处不应受机械力的作用。穿在管内的导线,在任何情况下都不能有接头。必要时,尽可能将接头放在接线盒或灯头盒内。

(3)明配线路在建筑物内安装时要保持水平和垂直。水平敷设时,导线距地面不小于2.5m;垂直敷设时,导线离地面不小于2m;否则应将导线穿在管内,以防机械损伤。配线位置应便于检查和维修。

(4)导线穿墙要加装保护套管,保护套管可采用瓷管、钢管、塑料管,保护套管两端出线口伸出墙面不小于10mm,以防止导线和墙壁接触,避免墙壁潮湿而产生漏电等现象。当导线沿墙壁或天花板敷设时,导线与建筑物之间的距离一般应不小于10mm。当导线互相交叉时，为避免碰线，在每根导线上套以塑料管或其他绝缘管，并将套管固定牢，不使其移动。

（5）为确保安全用电，室内电气管线和配电设备与建筑物、地面的最小距离都有一定的规定，见表6-1和表6-2。

表6-1　明布线的有关距离要求

固定方式	导线截面/mm²	固定点最大距离/m	线间最小距离/m	与地面最小距离/m	
				水平布线	垂直布线
槽板	≤4	0.5	—	2	1.3
卡钉	≤10	0.2	—	2	1.3
瓷(塑料)夹	≤6	0.8	25	2	1.3
瓷柱	≤16	3.0	50	2	1.3(2.7)
	16~25	3	100	2.5	1.8(2.7)
瓷瓶	≥35	6	150	2.5	1.8(2.7)
注:括号内数字指屋外敷设时的要求					

表6-2　室内外绝缘导线间最小距离(电压1kV及以下)

固定点间距/m	导线最小间距/mm	
	室内配线	室外配线
<1.5	35	100
1.5~3	50	100
3~6	70	100
>6	100	150

6.1.3　导线及线管的选择

室内配线安装方式和导线的选择，一般根据周围环境的特征以及安全要求等因素选择导线的型式，如表6-3所列。根据载流量选择导线的截面积，RVV型护套线的主要技术数据见表6-4。

表6-3　室内线路的安装方式及导线的选用

环境特征	配线方式	常用导线
干燥环境	瓷(塑料)夹板、铝片卡、明配线	BLV、BLW、BLXF、BLX
	绝缘子明配线	BLV、LJ、BLXF、BLX
	穿管明敷或暗敷	BLV、BL.XF、BLX

环境特征	配线方式	常用导线
潮湿和特别潮湿的环境	绝缘子明配线（敷设高度大于 3.5m）	BLV、BLXF、BLX
	穿塑料管明敷或暗敷	
多尘环境	绝缘子明配线	BLV、BLVV、BLXF、BLX
	穿管明敷或暗敷	BLV、BL. XF、BLX

表 6-4   RVV 型护套线的主要技术数据

标称截面 /mm²	芯数及外径											
	2（椭圆）	2（圆）	3	4	5	6、7	10	12	14	16	19	24
0. 12	3. 1 × 4. 5	4. 5	4. 7	5. 1	5. 0	5. 5	6. 8	7. 0	7. 4	7. 8	8. 6	10. 2
0. 2	3. 3 × 4. 9	4. 9	5. 1	5. 5	5. 5	6. 0	7. 6	7. 8	8. 7	9. 1	9. 6	11. 4
0. 3	3. 6 × 5. 5	5. 5	5. 8	6. 3	6. 4	7. 0	9. 3	9. 6	10. 1	10. 6	11. 2	13. 8
0. 4	3. 9 × 5. 9	5. 9	6. 3	6. 8	7. 0	7. 6	10. 1	10. 4	11. 0	11. 6	12. 2	15. 1
0. 5	4. 0 × 6. 2	6. 2	6. 5	7. 1	7. 3	7. 9	10. 6	10. 9	11. 5	12. 1	12. 8	15. 7
0. 75	4. 5 × 7. 2	7. 2	7. 6	8. 3	9. 1	9. 9	12. 6	13. 4	14. 2	14. 9	15. 7	18. 9
1. 0	4. 6 × 7. 5	7. 5	7. 9	9. 1	9. 5	10. 4	13. 7	14. 1	14. 9	15. 9	16. 6	19. 9
1. 5	5. 0 × 8. 2	8. 2	9. 1	9. 9	10. 4	11. 4	15. 0	15. 5	16. 3	17. 3	18. 2	21. 9
2. 0	6. 3 × 10. 3	10. 3	11. 0	12. 0	12. 8	14. 4	—	—	—	—	—	—
2. 5	6. 7 × 11. 2	11. 2	11. 9	13. 1	14. 3	15. 7	—	—	—	—	—	—
4	7. 5 × 12. 9	12. 9	14. 1	15. 5								
6	9. 4 × 16. 1	16. 1	17. 1	18. 9								

农用线管通常选择塑料管,根据所穿导线根数选择线管的标称直径,见表 6-5。

表 6-5   导线穿电线管的标称直径选择

电线管的标称直径/mm ＼ 导线根数 ＼ 导线标称截面积/mm²	2	3	4	5	6	7	8	9	10
1	12	15	15	20	20	25	25	25	25
1. 5	12	25	20	20	25	25	25	25	25
2	15	15	20	20	25	25	25	25	25
2. 5	15	15	20	25	25	25	25	25	32

电线管的标称 直径/mm　导线根数 导线标称 截面积/mm²	2	3	4	5	6	7	8	9	10
3	15	15	20	25	25	25	25	32	32
4	15	20	25	25	25	25	32	32	32
5	15	20	25	25	25	25	32	32	32
6	15	20	25	25	25	32	32	32	32
8	20	25	25	32	32	32	40	40	40
10	25	25	32	32	40	40	40	50	50
16	25	32	32	40	40	50	50	50	50
20	25	32	40	40	50	50	50	70	70
25	32	40	40	50	50	70	70	70	70
35	32	40	50	50	70	70	70	70	80
50	40	50	70	70	70	70	80	80	80
70	50	50	70	70	80	80	80	—	—
95	50	70	70	80	80	—	—	—	—
120	70	70	80	80	—	—	—	—	—

6.1.4 室内器具位置选择

1. 跷板（扳把）开关盒位置确定

（1）明、暗装扳把或跷板及触摸开关盒，一般距地面高度为 1.3m，如安装在门旁时距门框的水平距离应为 150～200mm，如图 6-1 所示。

图 6-1　跷板开关一般位置

（2）暗装开关盒在门旁时，为了使盒内立管躲开门上方预制过梁，也可在距门框边 250mm 处设置，但同一工程中位置应一致。开关盒的设置应先考虑门的开启方向，以方便操作。

（3）当门框旁设有混凝土柱且门旁混凝土柱的宽度为 240m 柱旁有墙时，应将盒设在柱外贴紧柱子处。当柱宽度为 370mm 时，应将 86 系列开关盒埋设在柱内距柱旁 180mm 的位置上，当柱旁无墙或柱子与墙平面不在同一直线上时，应将开关盒设在柱内中心位置上。对于 146 系列，只能将盒位改设在其他位置上，如图 6-2 所示。

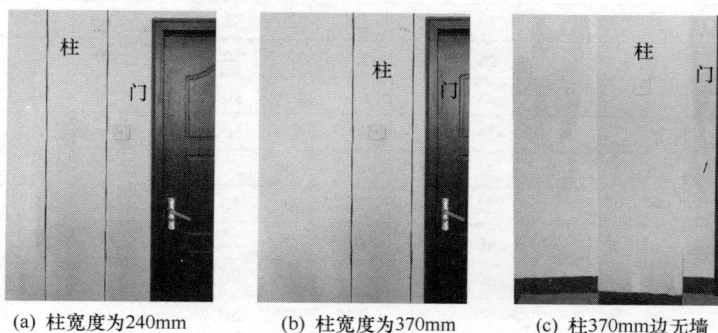

(a) 柱宽度为 240mm　　(b) 柱宽度为 370mm　　(c) 柱 370mm 边无墙

图 6-2　关盒位置与门旁混凝土柱的关系

（4）当门口处设有装饰贴脸时，盒边距门框边的距离应适当增加贴脸宽度的尺寸，尽量与装饰贴脸协调、美观。

（5）在确定门旁开关盒位置时，除了门的开启方向外，还应考虑与门平行的墙垛尺寸，设置 86 系列盒时，墙垛尺寸不应小于 370mm，设置 146 系列盒时，墙垛尺寸不应小于 450mm，且盒应设在墙垛中心处。如门旁墙垛尺寸大于 700mm 时，开关盒位就应在距门框边 180mm 处设置，如图 6-3所示。

（6）在门旁边与开启方向相同一侧的墙垛小于 370mm，且有与门垂直的墙体时，应将开关盒设在此墙上，盒边应距与门平行的墙体内侧 250mm，如图 6-4 所示。

（7）在与门开启方向一侧墙体上无法设置盒位，而在门后有与门垂直的墙体时，开关盒应设在距与门垂直的墙体内侧 1m 处，可防止门开启后开关被挡在门后。

（8）当门后有拐角长为 1.2m 墙体时，开关盒应设在墙体门开启后的

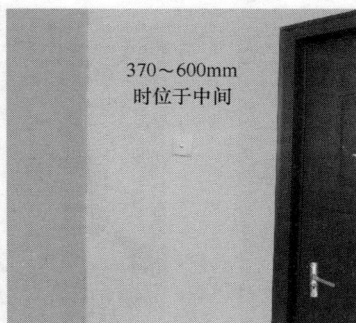

图 6 - 3 盒与门旁墙跺的位置关系示意图

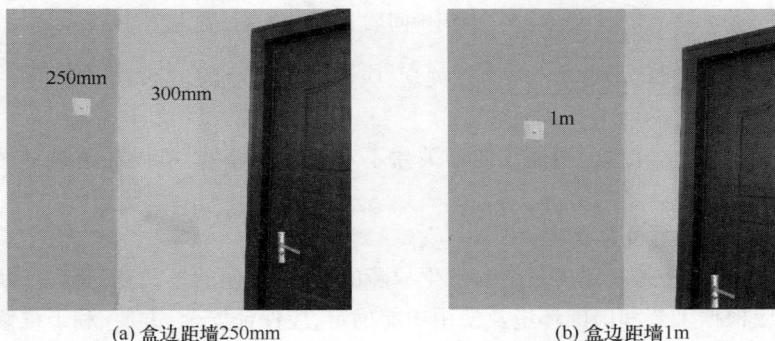

(a) 盒边距墙250mm　　　　　　　　　　(b) 盒边距墙1m

图 6 - 4 门垂直的墙体上的开关盒位置

外边,当拐角墙长度小于 1.2m 时,开关盒设在拐角另一面的墙上,盒边距离拐角处 250mm。

(9) 如果两门中间墙体宽为 0.37 ~ 1.0m,当在此墙处设有一个开关时,开关盒宜设在墙跺的中心处。如果墙体超过 1.2m 时,应在两门边分别设置开关盒,盒边距门 180mm,如图 6 - 5 所示。

(10) 楼梯间的照明灯控制开关,应设在方便使用和利于维修处,不应设在楼梯踏步上方,当条件受限制时,开关距地高度应以楼梯踏步表面确定标高。

(11) 厨房、厕所(卫生间)、洗漱室等潮湿场所的开关盒应设在房间的外墙处,必须设置在房间内时应使用防溅开关盒。

(12) 走廊灯的开关盒,应在距灯位较近处设置,当开关盒距门框(或洞口)旁不远处时,也应将盒设在距门框(或洞口)边 180mm 或 250mm 处。

(a) 中间墙体宽为0.37~1.0m   (b) 中间墙体宽大于1.2m

图 6-5　两门中间墙上的开关盒位置

（13）壁灯（或起夜灯）的开关盒，应设在灯位盒的正下方，并在同一垂直线上。

（14）室外门灯、雨棚灯的开关盒不宜设在外墙处，应设在建筑物的内墙上。

2. 插座盒位置确定

（1）插座是线路中最容易发生故障的地方，插座的形式、安装高度及位置，应根据工艺和周围环境及使用功能确定，应保证安全、方便、利于维修。

（2）安装插座应使用开关盒，且与插座盖板相配套。

（3）插座盒一般应在距室内地坪 1.3m 处埋设，潮湿场所其安装高度应不低于 1.5m。

（4）托儿所、幼儿园及小学校、儿童活动场所，应在距室内地坪不低于 1.8m 处埋设。

（5）住宅内插座盒距地 1.8m 及以上时，可采用普通型插座；如使用安全插座时，安装高度可为 300mm。

（6）住宅 10m² 及以上的居室中，应在最易使用插座的两面墙上各设置一个插座位置；10m² 以下的居室中，可设置一个插座；过厅可设一个插座位置。

（7）为了方便插座的使用，在设置插座盒时应事先考虑好，插座不应被挡在门后，在跷板等开关的垂直上方或拉线开关的垂直下方，不应设置插座盒，插座盒与开关盒的水平距离不宜小于 250mm。

（8）为使用安全，插座盒（箱）不应设在水池、水槽（盆）及散热器的上

154

方,更不能被挡在散热器的背后。

（9）插座盒不应设在室内墙裙或踢脚板的上皮线上,也不应设在室内最上皮瓷砖的上口线上。

（10）插座如设在窗口两侧时,应对照采暖图,插座盒应设在采暖立管相对应的窗口另一侧墙垛上。

（11）插座盒不宜设在宽度小于370mm墙垛（或混凝土柱）上。如墙垛或柱宽为370mm时,应设在中心处,以求美观大方。

（12）住宅厨房内设置供排油烟机使用的插座盒,应设在煤气台板的侧上方。

3. 照明灯具位置的确定

（1）照明灯具安装位置,要根据房间的用途、室内采光方向以及门的位置和楼板的结构等因素确定。

（2）照明灯具安装除板孔穿线和板孔内配管,需在板孔处打洞安装灯具外,其他暗配管施工均需设置灯位盒,即（90mm×90mm×45mm）八角盒。

（3）室外照明灯具在墙上安装时,不可低于2.5m;室内灯具一般不应低于2.4m;住宅壁灯（或起夜灯）由于楼层高度的限制,灯具安装高度可以适当降低,但不宜低于2.2m;旅馆床头灯不宜低于1.5m。

4. 壁灯灯盒位置确定

（1）壁灯灯具的安装高度系指灯具中心对地而言,故在确定灯位盒时,应根据所采用灯具的式样及灯具高度,准确确定灯位盒的预埋高度。

（2）壁灯如在柱上安装灯位盒,应设在柱中心位置上。

（3）壁灯灯位盒在窗间墙上设置时,应预先考虑好采暖立管的位置,防止灯位盒被采暖管挡在后面。

（4）住宅蹲便厕所（卫生间）一般宜设置壁灯,坐便厕所在有条件时也宜设壁灯,其壁灯灯位盒应躲开给、排水管及高位水箱的位置。

（5）成排埋设安装壁灯的灯位盒,应在同一直线上,高低位差不应大于5mm。可防止安装灯具后超差。

5. 楼（屋）面板上灯位盒位置确定

（1）楼板上设置照明灯灯位盒,应根据楼板的结构形式及管子敷设的部位确定。

（2）预制空心楼板配管管路需沿板缝敷设时,特别是同一房间使用不同宽度的楼板时,为了在合理位置上安装管路及灯具,电工要配合安排好楼板的排列次序,以利配管方便和电气装置安装对称。

（3）预制空心楼板,室内只有一盏灯时,灯位盒应设在接近屋中心的板缝内。由于楼板宽度的限制,灯位无法在中心时,应设在略偏向窗户一侧的板缝内。如果室内设有两盏(排)灯时,两灯位之间的距离应尽量等于墙距离的2倍。如室内有梁时,灯位盒距梁侧面的距离应与距墙的距离相同,如图6-6所示。

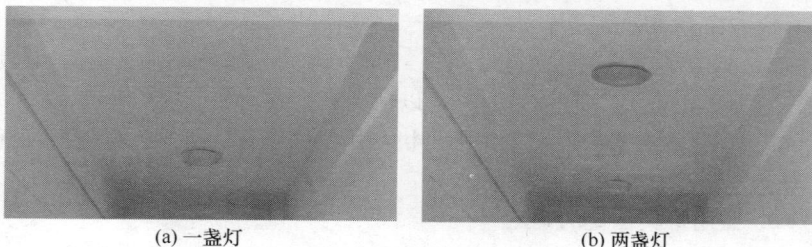

(a)一盏灯　　　　　　　　　　　　　(b)两盏灯

图6-6　楼(屋)面板上灯位盒位置

（4）成套(组装)吊链荧光灯灯位盒埋设,应先考虑好灯具吊链开档的距离;安装简易荧光灯的两个灯位盒中心距离应符合下列要求。

① 20W 荧光灯为600mm。

② 30W 荧光灯为900mm。

③ 40W 荧光灯为1200mm。

（5）楼(屋)面板上设置3个及以上成排灯位盒时,应沿灯位盒中心处拉通线定灯位,成排的灯位盒应在同一条直线上,偏差不应大于5mm。

6.2　电线管的敷设

6.2.1　半硬塑料管暗敷设

1. 半硬塑料管的加工

1）半硬塑料管的切断

（1）配管前应根据管子每段所需长度进行切断。

（2）硬质聚氯乙烯塑料管的切断,使用带锯的多用电工刀或钢锯条,切口应整齐。

（3）硬质 PVC 管用锯条切断时,应直接锯到底。也可以使用厂家配套供应的专用截管器进行裁剪管子。应边稍转动管子边进行裁剪,使刀口易于切入管壁。刀口切入管壁后,应停止转动 PVC 管,继续裁剪,直至管子切断为止,如图6-7所示。

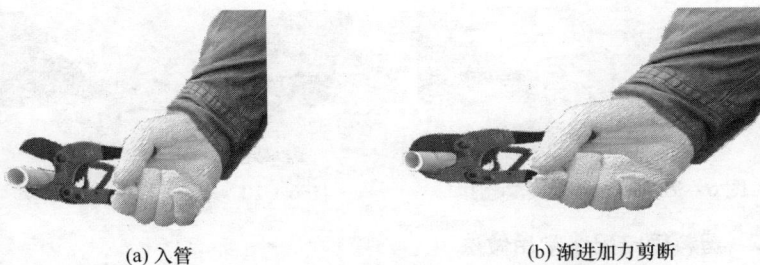

(a) 入管   (b) 渐进加力剪断

图 6 – 7　PVC 管切断方法

2）半硬塑料管的冷煨弯曲

（1）弯管时首先应将相应的弯管弹簧插入管内需煨处。

（2）两手握住管弯曲处弯簧的部位，用力逐渐弯出需要的弯曲半径。

如果用手无力弯曲时，也可将弯曲部位顶在膝盖或硬物上再用手扳，逐渐进行弯曲，但用力及受力点要均匀，如图 6 – 8 所示。弯管时，一般需弯曲至比所需要弯曲角度要小，待弯管回弹后，便可达到要求，然后抽出管内弯簧，管子弯曲半径不宜小于 6 倍管外径，弯曲角度应大于 90°。

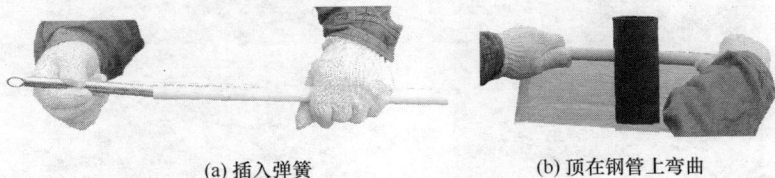

(a) 插入弹簧   (b) 顶在钢管上弯曲

图 6 – 8　半硬塑料管的弯曲

在配管时可根据弯曲方向的要求，用手随时弯曲。平滑塑料管在 90° 弯曲时，可使用定弯套固定。

管子应尽量避免弯曲，当线路直线长度超过 15m 或直角弯超过 3 个时，均应装设中间接线盒，以便于穿线。

3）管与管的连接方法

（1）套接法。用比连接管管径大一级的塑料管做套管，长度为连接管内径的 1.5 ~ 3 倍，把涂好胶合剂的被连接管从两端插入套管内，连接管对口处应在套管中心，且紧密牢固，如图 6 – 9 所示。

（2）插入法。把连接管端部擦净，将阴管端部加热软化，把阳管管端涂上胶合剂，迅速插入阴管，插接长度为管内径的 1.1 ~ 1.8 倍，待两管同心时，冷却后即可，如图 6 – 10 所示。

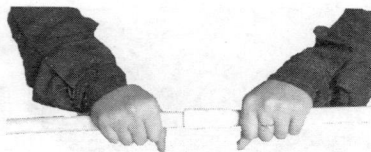

图 6 - 9 塑料管套接法连接　　　图 6 - 10 塑料管插入法拉紧

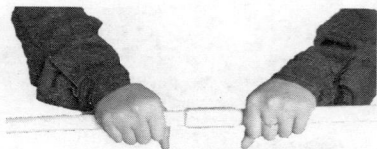

2. 塑料管暗配线常用做法

1）管子在砖混结构工程墙体内的敷设

（1）由电工或建筑工人在砌筑的过程中埋入,埋设时所埋管子不能有外露现象,管子离表面的最小净距不应小于埋入 15mm。管与盒周围应用砌筑砂浆固定牢,如图 6 - 11 所示。

（2）管子暗敷设应尽量敷设在墙体内,并尽量减少楼板层内的配管数量。墙体内水平敷设的管径大于 20mm 时,应现浇一段砾石混凝土,如图 6 - 12所示。

图 6 - 11 塑料管在墙内预埋　　　图 6 - 12 塑料管在墙内水平敷设

2）现浇混凝土梁内管子敷设

在现浇混凝土梁内设置灯位盒及进行管子顺向敷设时,应在梁底模支好后进行。其灯位盒应设在梁底部中间位置,如图 6 - 13 所示。

3）现浇混凝土楼板内管子敷设

现浇混凝土内敷设灯位盒时,应将盒内用泥团或浸过水的纸团堵严,盒口应与模板紧密贴合固定牢,防止混凝土浆渗入管、盒内,如图 6 - 14 所示。

4）器具盒及配电箱的预埋

（1）开关（插座）盒的预埋。在同一工程中预埋的开关（插座）盒,相互间高低差不应大于 5mm;成排埋设时不应大于 2mm;并列安装高低差不大于 0.5mm。并列埋设时应与下沿对齐,如图 6 - 15 所示。

158

图 6-13　梁内垂直敷设的位置

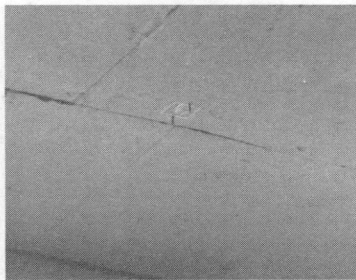

图 6-14　预埋盒口保护的做法

（2）壁灯盒的预埋。按外墙顶部向内墙返尺找标高比较方便，一般情况下，住宅楼宜在距墙体顶部下返第六皮砖的上皮放置盒体，如图 6-16 所示。

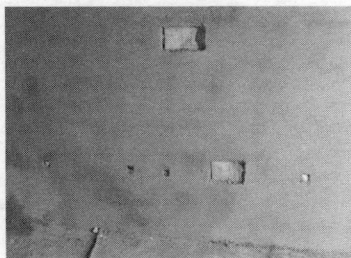

图 6-15　插座盒并列的做法

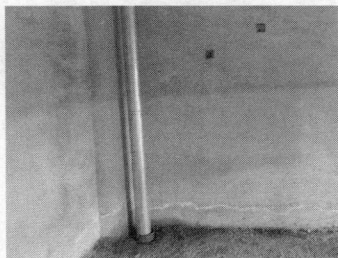

图 6-16　壁灯盒的位置

（3）当墙体顶部有圈梁时，梁的高度也可与砖的高度相抵，为了盒内水平配管不与穿梁方子相遇，盒体可再降低一皮砖，如图 6-17 所示。

（4）吊扇的吊钩应用不小于 10mm 的圆钢制作。吊钩应弯成┳形或┌形。安装时硬质敷设楼板层管子的同时，一并预埋，如图 6-18 所示。

图 6-17　盒上有梁时壁灯盒的位置

图 6-18　吊扇预埋件的做法

159

5）大（重）型灯具预埋件设置

（1）电气照明安装工程除了吊扇需要预埋吊钩外，大（重）型灯具也应预埋吊钩。吊钩直径不应小于6mm。固定灯具的吊钩，除了采用吊扇吊钩预埋方法外，还可将圆钢的上端弯成弯钩，挂在混凝土内的钢筋上，如图6-19所示。

（2）固定大（重）型灯具除了有的需要预埋吊钩外，有的还需要预埋螺栓，如图6-20所示。

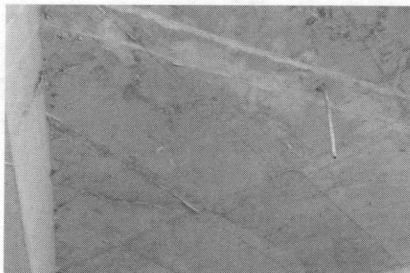

图6-19　楼板预埋钢管吊钩的做法

图6-20　楼板内预埋螺栓做法

6.2.2　钢管明配线

1. 管子安装

1）支架安装

支架一般用钢板或角钢加工制作。下料时应用钢锯锯割或用无齿锯下料，严禁用电、气焊切割。钻孔时应使用手电钻或台钻钻孔，不应用气焊或电焊吹孔。安装方法如图6-21所示。

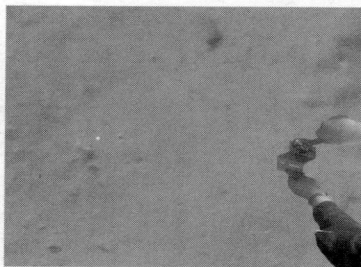

(a) 安装支架

(b) 安装电线管

图6-21　钢管的支架安装

2）管卡子安装

（1）沿建筑物表面敷设的明管，一般不采用支架，应用管卡子均匀固定。固定点间的最大距离见表6-6。管卡子的固定方法可用胀管法，在需要固定管卡子处，可选用适当的塑料胀管或膨胀螺栓。

表6-6　钢管中间管卡最大距离

敷设方式	钢管类型	钢管直径/mm			
		15~20	25~32	40~50	65~100
		最大允许距离/m			
吊架、支架或沿墙敷设	厚壁管	1.5	2.0	2.5	3.5
	薄壁管	1.0	1.5	2.0	

（2）钻塑料胀管孔宜使用冲击电钻。孔径应与塑料胀管外径相同，孔深度不应小于胀管的长度。

（3）当管孔钻好后，放入塑料胀管。待管固定时应先将管卡的一端螺钉拧进一半，然后将管敷设于管卡内，再将管卡两端用木螺钉拧紧，如图6-22所示。

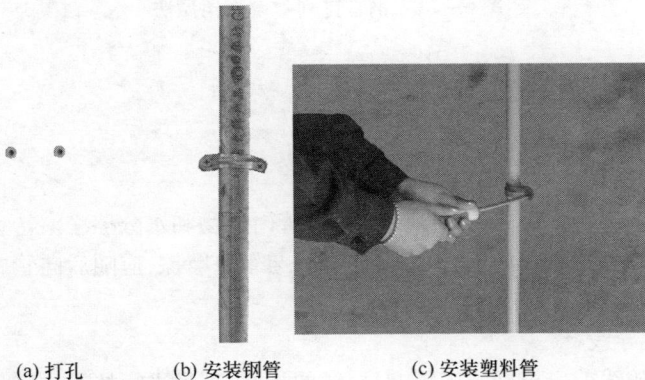

(a) 打孔　　　　(b) 安装钢管　　　　(c) 安装塑料管

图6-22　管卡安装步骤

（4）使用膨胀螺栓固定时，螺栓与套管应一起送到孔洞内，螺栓要送到洞底，螺栓埋入结构内的长度与套管长度相同。

（5）明配管在拐弯、绕过立柱或其他线管处应煨成弯曲，或使用弯头，如图6-23所示。

（6）当多根明配管排列敷设时，在拐角处应使用中间接线箱进行连接，也可按管径的大小弯成排管敷设，所有管子应排列整齐，转角部分应按同心圆弧的形式进行排列,如图6-24所示。

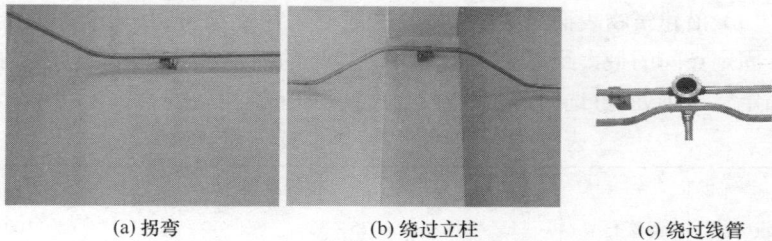

(a)拐弯　　　　　　　　(b)绕过立柱　　　　　　　(c)绕过线管

图6-23　钢管弯曲的用法

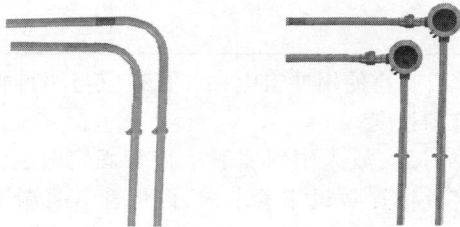

图6-24　钢管排列敷设拐角做法

6.2.3　管内穿线

1. 穿引线钢丝

1)清扫管路

在钢丝上缠上破布,来回拉几次,将管内杂物和水分擦净。特别是对于弯头较多或管路较长的钢管,为减少导线与管壁摩擦,应随后向管内吹入滑石粉,以便穿线。

2)放导线

(1)放线前应根据施工图,对导线的规格、型号进行核对,发现线径小、绝缘层质量不好的导线应及时退换。

(2)放线时为使导线不扭结、不出背扣,最好使用放线架。无放线架时,应把线盘平放在地上,把内圈线头抽出并把导线放得长一些,切不可从外圈抽线头放线;否则会弄乱整盘导线或使导线打成小圈扭结。

3)穿引线钢丝

(1)管内穿线前大多数情况下都需要用钢丝做引线,用φ1.2~2.0mm的钢丝,头部弯成封闭的圆圈状,如图6-25(b)所示。由管一端逐渐送入

162

管中,直到另一端露出头时为止,如图6-25(a)所示。明配管路有时管路较长或弯头较多,可在敷设管路时就将引线钢丝穿好。

(2)穿钢丝时,如遇到管接头部位连接不佳或弯头较多及管内存有异物,钢丝滞留在管路中途时,可用手转动钢丝,使引线头部在管内转动,钢丝即可前进;否则要在另一端再穿入一根引线钢丝,估计超过原有钢丝端部时,用手转动钢丝,待原有钢丝有动感时,即表明两根钢丝绞在一起,再向外拉钢丝,将原有钢丝带出。

4)引线钢丝与导线结扎

(1)当导线数量为2~3根时,将导线端头插入引线钢丝端部圈内折回,如图6-25(b)所示。

(2)如导线数量较多或截面较大,为了防止导线端头在管内被卡住,要把导线端部剥出一段线芯,并斜错排好,与引线钢丝一端缠绕。

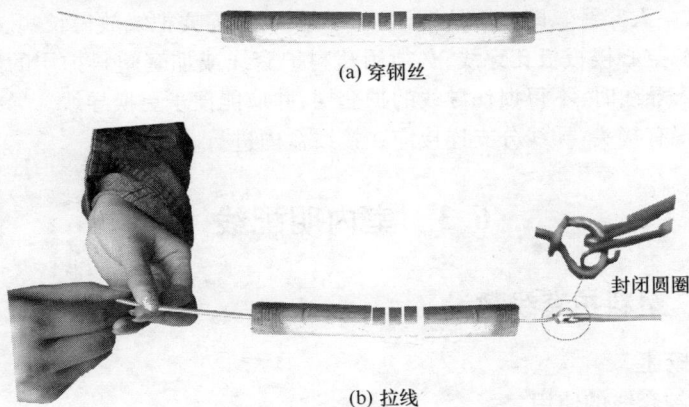

(a) 穿钢丝

封闭圆圈

(b) 拉线

图6-25 管内穿线的方法

2. 穿线

1)管内穿线的基本要求

(1)导线穿入钢管前,钢管管口处采用丝扣连接时,应有护圈帽,当采用焊接固定时,亦可使用塑料内护口。穿入硬质塑料管前,应先检查管口是否留有毛刺和刃口,以防穿线时损坏导线绝缘层。

(2)同一交流回路的三相导线及中性线必须穿在同一钢管内。不同回路、不同电压和交流与直流导线,不得穿在同一管内。管内穿线时,电压为65V及以下回路、同一设备的电动机回路和无抗干扰要求的控制回路、照明花灯的所有回路、同类照明的几个回路可以穿入同一根管子内,但管内导线总数不能多于 8 根。

（3）穿入管内的导线不应有接头,导线的绝缘层不得损坏,导线也不得扭曲。

2）穿线工艺

（1）当管路较短而弯头较少时,可把绝缘导线直接穿入管内,如图 6 - 25(b)所示。

（2）两人穿线时,一人在一端拉钢丝引线,另一人在另一端把所有的电线捏成一束送入管内,二人动作应协调,并注意不得使导线与管口处摩擦损坏绝缘层。

（3）当导线穿至中途需要增加根数时,可把导线端头剥去绝缘层或直接缠绕在其他电线上,继续向管内拉。

（4）在某些场所,如房间面积不大且管路弯头较少、穿入导线数量不多时,可以一人穿线。即一手拉钢丝,一手送线,但需要把线放得长些。

（5）空心楼板板孔穿线,必须用塑料护套线或加套塑料护层的绝缘导线。穿入导线时,不得损伤导线的护套层,并应能便于更换导线。导线在板孔内不得有接头,导线分支连接应在接线盒内进行。

6.3 室内明配线

6.3.1 塑料护套线敷设

1. 概述

1）护套线的使用

（1）塑料护套线适用于电气照明线路的明敷设,不得在室外露天场所明敷设。

（2）塑料护套线暗敷设时,可从空心楼板孔内穿线,但塑料护套线不得直接埋入到抹灰层内暗敷设或埋入釉面砖下灰层内暗敷设。

2）配线的技术要求

（1）对导线截面积的要求:如用铜芯线,不得小于 0.5mm^2;如用铝芯线,不得小于 1.5mm^2。室外使用护套线的导线截面积,如用铜芯线,不得小于 1.0mm^2;如用铝芯线,不得小于 2.5mm^2。

（2）导线连接要求:护套线敷设在线路上时,不可采用线与线的直接连接,应采用接线盒或借用其他电气装置的接线端子来连接线头,在多尘和潮湿场所应采用密闭式接线盒。

（3）导线转弯的要求：护套线在同一面上转弯时，必须保持垂直。转角处应保持适当的曲率半径，其数值应是护套线直径的 3～4 倍，太小会损伤芯线。

2. 弹线定位

1）导线定位

根据设计图纸要求，按线路的走向，找好水平线和垂直线，用粉线沿建筑物表面由始端至终端划出线路的中心线，同时标明照明器具及穿墙套管和导线分支点的位置，以及接近电气器具旁的支持点和线路转弯处导线支持点的位置。

2）支持点定位

塑料护套线的支持点的位置，应根据电气器具的位置及导线截面大小来确定。塑料护套线配线在终端、转弯中点、电气器具或接线盒边缘的距离为 50～100mm 处；直线部位导线中间平均分布距离为 150～200mm 处；两根护套线敷设遇有十字交叉时交叉口处的四方 50～100mm 处，都应有固定点，护套线配线各固定点的位置如图 6－26 所示。

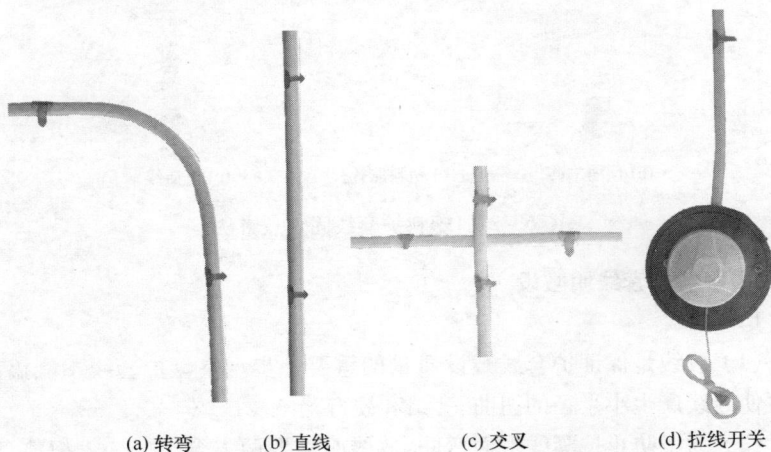

(a) 转弯　　　　(b) 直线　　　　(c) 交叉　　　　(d) 拉线开关

图 6－26　塑料护套线固定点位置要求

3. 导线固定方法

1）预埋木砖

在配合土建施工过程中，应根据规划的线路具体走向，将固定线卡的木

165

砖预埋在准确的位置上。预埋木砖时,应找准水平线和垂直线,梯形木砖较大的一面应埋入墙内,较小的一面应与墙面平齐或略凸出墙面。

2）现埋塑料胀管

可在建筑装饰工程完成后,按划线定位的方法,确定器具固定点的位置,从而准确定位塑料胀管的位置。按已选定的塑料胀管的外径和长度选择钻头进行钻孔,孔深应大于胀管的长度,埋入胀管后应与建筑装饰面平齐。

3）塑料钢钉电线卡固定

用塑料钢钉电线卡固定护套线,应先敷设护套线,在护套线两端预先固定收紧后,在线路上按已确定好的位置直接钉牢塑料电线卡上的钢钉即可。3 种固定方法如图 6 - 27 所示。

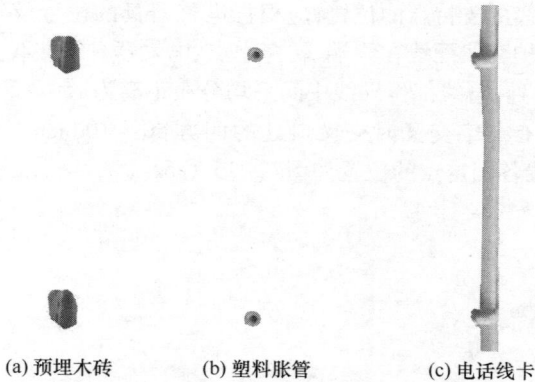

(a) 预埋木砖　　　　(b) 塑料胀管　　　　(c) 电话线卡

图 6 - 27　塑料护套线固定点方法

4. 塑料护套线明敷设

1）放线

（1）放线是保证护套线敷设质量的重要一步。整盘护套线不能搞乱,不可使导线产生小半径的扭曲、套结和硬弯。

（2）为了防止护套线平面弯曲,放线时需要两人合作。一人把整盘导线按图 6 - 28 所示方法套入双手中,顺势转动线圈,另一人将外圈线头向前拉。放出的护套线不可在地上拖拉,以免磨损、擦破或沾污护套层。

（3）导线放完后先放在地上,量好敷设长度并留出适当余量后预先剪断。如果是较短的分段线路,可按所需长度剪断,然后重新盘成较大的圈径,套在肩上随敷随放。

166

图 6 – 28　放线方法

（4）塑料护套线如果被弄乱或出现扭弯，要设法在敷设前校直。校线时要两人同时进行，每人握住导线的一端，用力在平坦的地面上甩直。

（5）在冬季敷设护套线时如果温度低于 – 15℃，严禁敷设护套线，防止塑料发生脆裂，影响工程质量。

2）导线铝线卡夹持

（1）用铝线卡夹持导线时，应注意护套线必须置于线夹钉位或粘贴位的中心，在搬起线夹片头尾的同时，应用手指顶住支持点附近的护套线，用铝线卡夹持护套线的步骤如图 6 – 29 所示。

（2）若护套线敷设距离较短，用铝线卡固定时，将护套线调直后，敷设时从开始端，一只手托线，另一只手用卡子夹持，边夹边敷。

（3）每夹持 4～5 个支持点，应进行一次检查。如果发现偏斜，可用小锤轻轻敲击突出的线卡予以纠正。

（4）护套线在转角、穿墙处及进入电气器具木（塑料）台或接线盒前等部位。到了护套线末端敷设部位，距离较短，如弯曲或扭曲严重就要戴上手套，用大拇指顺向按捺和推挤，使导线挺直平服，紧贴建筑物表面，再夹上铝线卡。

3）导线铁片夹持

（1）导线安装可参照铝线夹进行，导线放好后，用手先把铁片两头扳回，靠紧护套线。

（2）用钳子捏住铁片两端头，向下压紧护套线，如图 6 – 30 所示。

4）导线弯曲敷设

（1）塑料护套线在建筑物同一平面或不同平面上敷设，需要改变方向时，都要进行转弯处理，弯曲后导线必须保持垂直，且弯曲半径不应小于护

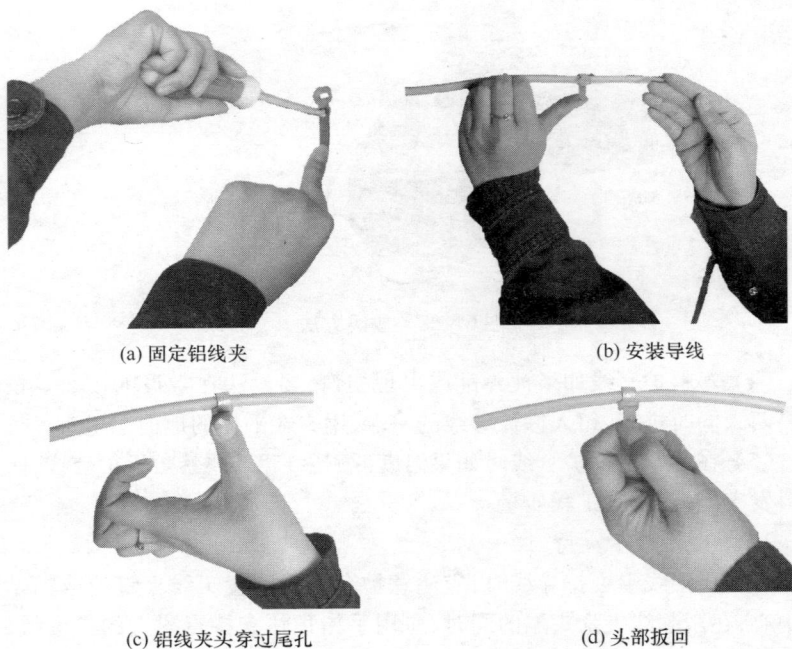

(a) 固定铝线夹

(b) 安装导线

(c) 铝线夹头穿过尾孔

(d) 头部扳回

图 6 – 29　铝线卡夹持护套线步骤

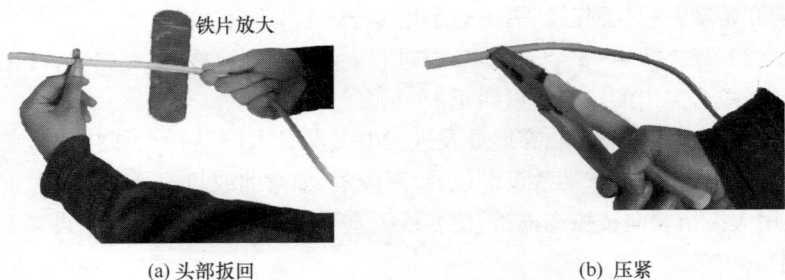

铁片放大

(a) 头部扳回

(b) 压紧

图 6 – 30　铝线卡夹持护套线步骤

套线厚度的 3 倍,如图 6 – 31 所示。

(2) 护套线在弯曲时,不应损伤线芯的绝缘层和保护层。在不同平面转角弯曲时,敷设固定好一面后,在转角处用拇指按住护套线,弯出需要的弯曲半径。当护套线在同一平面上弯曲时,用力要均匀,弯曲处应圆滑,应用两手的拇指和食指,同时捏住护套线适当部位两侧的扁平处,由中间向两

168

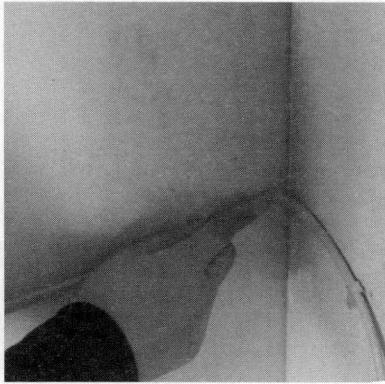

图 6 - 31   导线弯曲半径示意图

边逐步将护套线弯出所需要的弯曲弧,也可用一只手将护套线扁平面按住,另一只手逐步弯曲出弧形。

(3)多根护套线在同一平面同时弯曲时,应将弯曲侧里边弯曲半径最小的护套线先弯曲好,再由里向外弯曲其余的护套线,几根线的弯曲部位应贴紧、无缝隙。在弯曲处,一个线卡内不宜超过 4 根护套线。

5. 导线的连接

(1)塑料护套线明敷设时,不应进行线与线间的直接连接,在线路中间接头和分支接头处,应装设护套线接线盒,也可借用其电气器具的接线柱头连接导线。在多尘和潮湿场所内应采用密闭式接线盒。

(2)护套线在进入接线盒或与电气器具连接时,护套层应引入盒内或器具内进行连接。安装接线盒时,应按护套线的方向、根数比好位置,应使接线盒与护套线吻合,然后用螺钉将接线盒固定。

6.3.2   绝缘子(瓷瓶)线路安装

1. 绝缘子的安装

1)定位

按施工图确定灯具、开关、插座和配电箱等设备的位置,然后再确定导线的敷设位置,穿过楼板的位置及起始、转角、终端绝缘子的固定位置。

2)画线

用粉线袋划出导线敷设的路径,再用铅笔或粉笔画出绝缘子位置,当采

用 $1 \sim 2.5\,mm^2$ 截面的导线时,绝缘子间距为 $600\,mm$;当采用 $4 \sim 10\,mm^2$ 截面的导线时,绝缘子间距为 $800\,mm$。然后在每个开关、灯具和插座等固定点的中心处画一个"×"号。

3)凿眼

按画线的定位点凿眼。在砖墙上凿眼,可采用电锤钻,孔深按实际需要而定。

4)安装木榫或其他紧固件

在孔眼中洒水淋湿,埋设木榫或缠有铁丝的木螺钉,然后用水泥砂浆填平,当水泥砂浆干燥至相当硬度后,旋出木螺钉,装上绝缘子或木台,如图 6 – 32 所示。

(a) 凿眼

(b) 安装木榫

(c) 安装绝缘子

图 6 – 32　绝缘子在砖墙上的安装步骤

2. 导线绑扎

1)终端导线的绑扎

(1)将导线余端从绝缘子的颈部绕回来。

(2)将绑线的短头扳回压在两导线中间,如图 6 – 33 所示。

(3)手持绑线长线头在导线上缠绕 10 圈。

(4)分开导线余端,留下绑线短头,继续缠绕绑线 5 回,剪断绑线余端。绑线的线径及绑扎回数如表 6 – 7 所列。

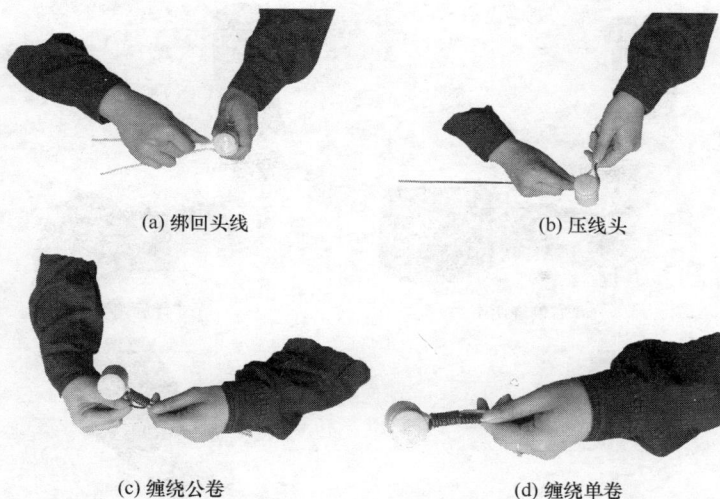

(a) 绑回头线 (b) 压线头

(c) 缠绕公卷 (d) 缠绕单卷

图 6-33 终端导线的绑扎

表 6-7 绑扎线直径选择 （单位:mm）

导线截面/mm²	绑线直径/mm			绑线卷数	
	砂包铁芯线	铜芯线	铝芯线	公卷数	单卷数
1.5~10	0.8	1.0	2.0	10	5
10~35	0.89	1.4	2.0	12	5
50~70	1.2	2.0	2.6	16	5
95~120	1.24	2.6	3.0	20	5

2）直线段导线的绑扎

鼓形瓷瓶和碟形瓷瓶配线的直线绑扎方法,可根据绑扎导线的截面积大小来决定。导线截面在 6mm² 以下的采用单花绑法,其绑扎方法及绑扎步骤如图 6-34 所示;导线截面在 10mm² 以上的采用双绑法,其绑扎方法和绑扎步骤如图 6-35 所示。

（1）单花绑法:

① 绑线长头在右侧缠绕导线两圈。

② 绑线长头从绝缘子颈部后侧绕到左侧。

③ 绑线长头在左侧缠绕导线两圈。

④ 长短绑线从后侧中间部位互绞两回,剪掉余端。

171

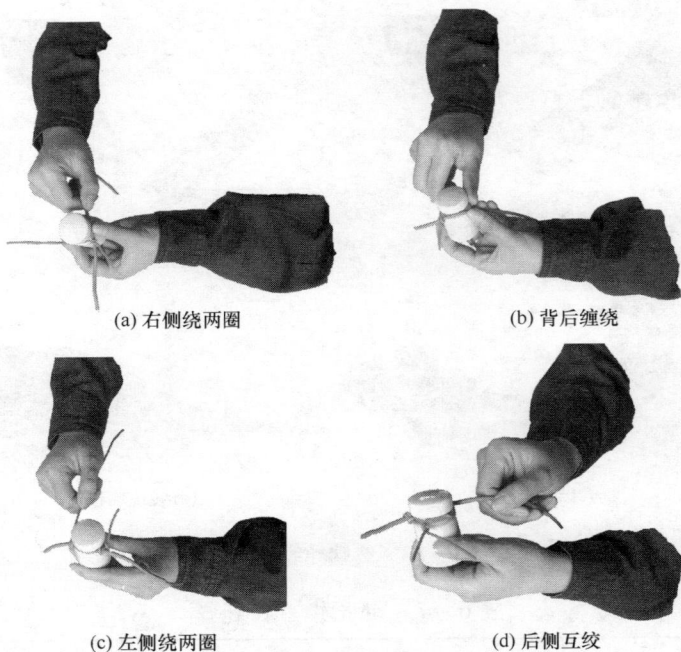

(a) 右侧绕两圈　　　　　　　　(b) 背后缠绕

(c) 左侧绕两圈　　　　　　　　(d) 后侧互绞

图 6 – 34　　直线段单花绑法步骤

（2）直线段双花绑法：

① 绑线在绝缘子右侧上边开始缠绕导线两回。

② 绑线从绝缘子前边压住导线绕到左上侧。

③ 绑线从绝缘子后侧绕回右上侧，再压住导线回到左下侧。

④ 绑线在绝缘子左侧缠绕导线两圈。

⑤ 绑线两头从后侧中间部位互绞两回，剪掉余端。

3．绝缘子线路的安装方法

1）侧面安装

在建筑物的侧面或斜面配线时，必须将导线绑扎在绝缘子的上方。

2）转角

（1）转弯时如果导线在同一平面内转弯，则应将绝缘子敷设在导线转弯拐角的内侧。

（2）如果导线在不同平面转弯，则应在凸角的两面上各装设一个绝缘子。

172

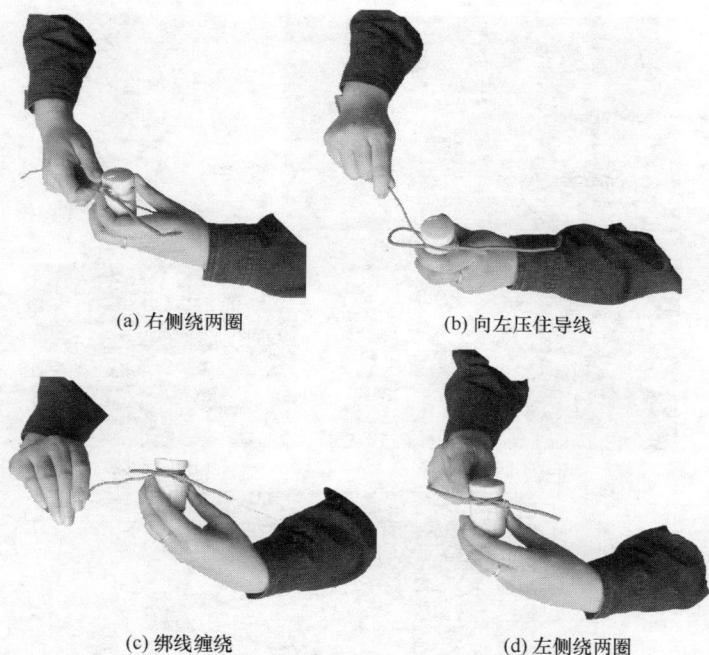

(a) 右侧绕两圈　　　　　　　　　(b) 向左压住导线

(c) 绑线缠绕　　　　　　　　　　(d) 左侧绕两圈

图 6-35　直线段双花绑法步骤

3）分支与交叉

导线分支时,必须在分支点处设置绝缘子,用以支持导线,导线相互交叉时,应在交叉部位的导线上套瓷管保护。

4）平行安装

平行的两根导线应位于两绝缘子的同一侧(见侧面安装)或位于两绝缘子的外侧,而不应位于两绝缘子的内侧,如图 6-36 所示。

绝缘子沿墙壁垂直排列敷设时,导线弛度不得大于 5mm,沿屋架或水平支架敷设时,导线弛度不得大于 10mm。

4. 安装要求

(1) 在建筑物的侧面或斜面配线时,必须将导线绑扎在绝缘子的上方。

(2) 转弯时如果导线在同一平面内转弯,则应将绝缘子敷设在导线转弯拐角的内侧;如果导线在不同平面转弯,则应在凸角的两面各装设一个绝缘子。

(3) 导线分支时,必须在分支点处设置绝缘子,用以支持导线,导线相

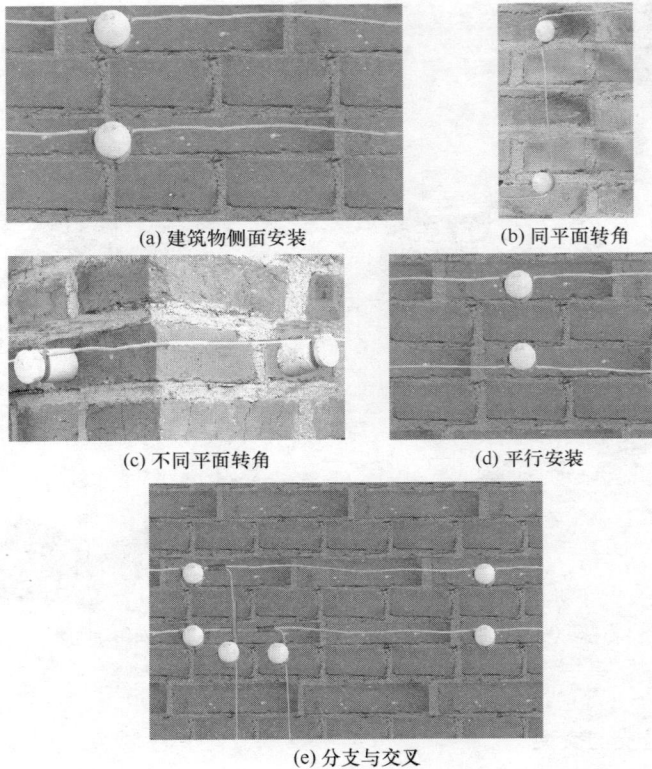

(a) 建筑物侧面安装　　　　　　　　(b) 同平面转角

(c) 不同平面转角　　　　　　　　(d) 平行安装

(e) 分支与交叉

图 6 – 36　　绝缘子安装方法

互交叉时,应在交叉部位的导线上套瓷管保护。

（4）平行的两根导线,应位于两绝缘子的同一侧或位于两绝缘子的外侧,而不应位于两绝缘子的内侧。

（5）绝缘子沿墙壁垂直排列敷设时,导线弛度不得大于 5mm,沿屋架或水平支架敷设时,导线弛度不得大于 10mm。

6.3.3　塑料线槽的明敷设

1. 塑料线槽无附件安装

1）基本方法

（1）将线槽用钢锯锯成需要形状。

（2）如果有毛刺时可用壁纸刀修整。

（3）用半圆头木螺钉固定在墙壁塑料胀管上，如图 6 - 37 所示。

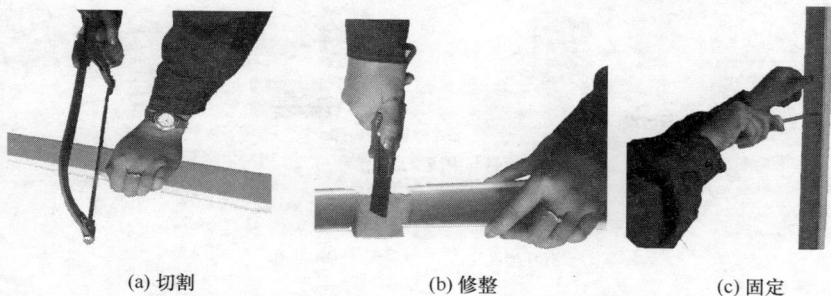

(a) 切割 (b) 修整 (c) 固定

图 6 - 37   塑料线槽无附件安装的方法

2）无附件安装常用做法

（1）直线敷设线槽端部应增设固定点，如图 6 - 38 所示。

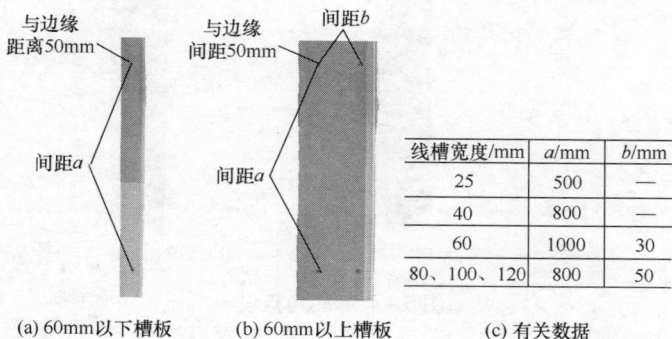

线槽宽度/mm	a/mm	b/mm
25	500	—
40	800	—
60	1000	30
80、100、120	800	50

(a) 60mm以下槽板 (b) 60mm以上槽板 (c) 有关数据

图 6 - 38   直线敷设

（2）十字交叉敷设锯槽时要在槽盖侧边预留插入间隙，如图 6 - 39 所示。

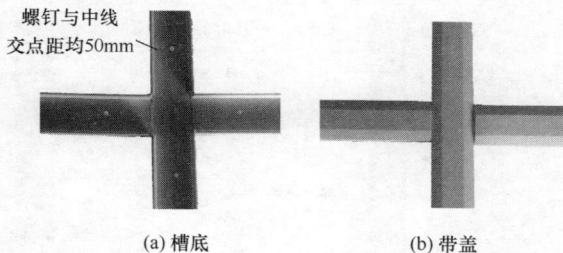

(a) 槽底 (b) 带盖

图 6 - 39   十字交叉敷设

（3）分支敷设槽盖开口为两个45°，以求美观，如图6-40所示。

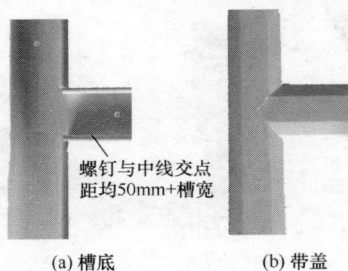

螺钉与中线交点
距均50mm+槽宽

(a) 槽底　　　　　　(b) 带盖

图6-40　分支敷设

（4）塑料线槽转角敷设线槽底、盖都开口45°，如图6-41所示。

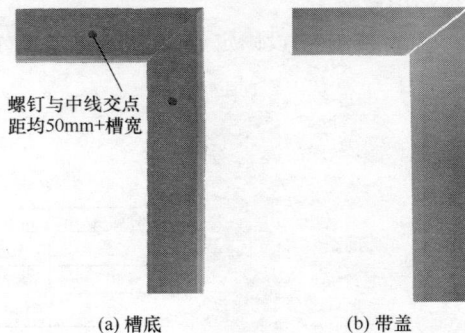

螺钉与中线交点
距均50mm+槽宽

(a) 槽底　　　　　　(b) 带盖

图6-41　转角敷设

2. 塑料线槽有附件安装方法

1）基本方法

（1）槽底的安装方法与无附件安装相同，如图6-42所示。

（2）安装时直线接口尽量位于转角中心并贴紧，如图6-43所示。

图6-42　槽底安装　　　　　图6-43　槽盖安装

（3）扣上平三通，如图 6-44 所示。

图 6-44　安装附件

2）塑料线槽有附件安装常用做法

（1）直线段采用连接头连接如图 6-45 所示。如固定点数量见表 6-8。

连接头

图 6-45　直线段安装

表 6-8　线槽有附件安装固定点数量　（单位:mm）

线槽宽 W	a	b	固定点数量			固定点位置
			十字接	三通	直转角	
25			1	1	1	在中心点
40	20		4	3	2	在中心线
60	30		4	3	2	
100	40	50	9	7	5	一处在中心点

（2）变宽采用大小接连接，如图 6-46 所示。

（3）与接线盒（箱）连接采用插口，如图 6-47 所示。

3. 明敷线槽导线敷设方法

（1）线槽组装成统一整体并经清扫后，才允许将导线装入线槽内。清

177

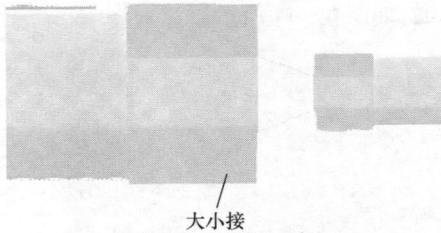

大小接

图 6 - 46 变宽安装

扫线槽时,可用抹布擦净线槽内残存的杂物,使线槽内外保持清洁。

（2）放线前应先检查导线的选择是否符合设计要求。导线分色是否正确,放线时应边放边整理,不应出现挤压背扣、把结、损伤绝缘等现象,并应将导线按回路(或系统)绑扎成梱,绑扎时应采用尼龙绑扎带或线绳,不允许使用金属导线或绑线进行绑扎,导线绑扎好后,应分层排放在线槽内并做好永久性编号标志。

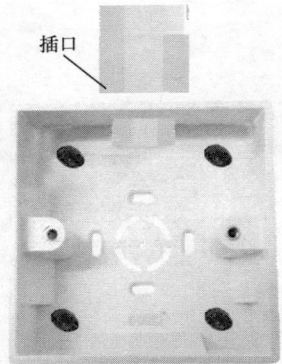

插口

图 6 - 47 与接线
盒(箱)连接

（3）电线或电缆在金属线槽内不宜有接头,但在易于检查的场所,可允许在线槽内有分支接头,电线电缆和分支接头的总截面(包括外护层),不应超过该点线槽内截面的 75%。

（4）强电、弱电线路应分槽敷设,消防线路(火灾和应急呼叫信号)应单独使用专用线槽敷设。

（5）同一回路的所有相线和中性线(如果有),应敷设在同一线槽内。

（6）同一路径无防干扰要求的线路,可敷设于同一金属线槽内。但同一线槽内的绝缘电线和电缆都应具有与最高标称回路电压回路绝缘相同的绝缘等级。

（7）线槽内电线或电缆的总截面(包括外护层)不应超过线槽内截面的 20%,载流电线不宜超过 30 根。

（8）控制、信号或与其相类似的非载流导体,电线或电缆的总截面不应超过线槽内的 50%,电线或电缆根数不限。

（9）在线槽垂直或倾斜敷设时,应采取措施防止电线或电缆在线槽内移动,使绝缘造成损坏、拉断导线或拉脱拉线盒(箱)内导线。

178

（10）引出线槽的配管管口处应有护口,电线或电缆在引出部位不得遭受损伤。

6.3.4 钢索线路的安装

1. 钢索线路的安装方法与步骤

（1）根据设计图纸,在墙、柱或梁等处,埋设支架、抱箍、紧固件以及拉环等物件。

（2）根据设计图纸的要求,将一定型号、规格与长度的钢索组装好。

（3）将钢索架设到固定点处,并用花篮螺栓将钢索拉紧,如图6-48所示。

（4）将塑料护套线或穿管导线等不同配线方式的导线吊装并固定在钢索上。

（5）安装灯具或其他电气器具。

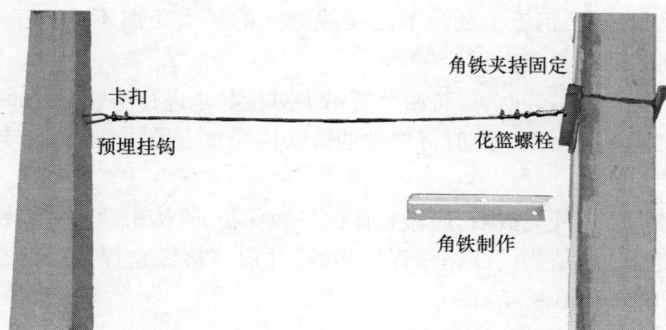

卡扣
预埋挂钩
角铁夹持固定
花篮螺栓
角铁制作

图6-48 钢索线路的敷设

2. 钢索吊装塑料护套线线路的安装

钢索吊装塑料护套线可以采用绑线将塑料护套线固定在钢索上,照明灯具可以使用吊杆吊灯,灯具可用螺栓与接线盒固定,如图6-49所示。

3. 钢索吊装线管线路的安装

钢索吊装线管线路的安装,先按设计要求确定好灯具的位置,测量出每段管子的长度,然后加工。使用的钢管或电线管应先进行校直,然后切断、套丝、煨弯。使用硬质塑料管时,要先煨管、切断,为布管的连接做好准备工作。在吊装钢管布管时,应按照先干线后支线的顺序进行,把加工好的管子从始端到终端按顺序连接,管与铸铁接线盒的丝扣应拧牢固。将布管逐段

线盒固定卡

图 6 – 49　钢索吊装护套线敷设

用扁钢卡子与钢索固定。

扁钢吊卡的安装应垂直,平整牢固,间距均匀,每个灯位铸铁接线盒应用两个吊卡固定,钢管上的吊卡距接线盒间的最大距离不应大于 200mm,吊卡之间的间距不应大于 1500mm。

当双管平行吊装时,可将两个管吊卡对接起来进行吊装,管与钢索的中心线应在同一平面上。此时灯位处的铸铁接线盒应吊两个管吊卡与下面的布管吊装。

吊装钢管布线完成后,应做整体的接地保护,管接头两端和铸铁接线盒两端的钢管应用适当的圆钢作焊接地线,并应与接线盒焊接。钢索吊装线管配线如图 6 – 50 所示。

图 6 – 50　钢索吊装线管敷设

4. 钢索线路安装的注意事项

(1) 钢索的型号、规格,必须严格按照设计图纸的规定。

(2) 钢索上不同配线方式的支持件之间、支持件与接线盒之间的距离,应符合表 6 – 9 所列的规定。

180

表 6−9　钢索配线物件间距离　　　　（单位：mm）

配线类别	支持件的最大距离	支持件与接线盒的最大距离
钢管	1500	200
硬塑料管	1000	150
塑料护套线	200	100

（3）钢索配线敷设后，若弛度大于 100mm，则会影响美观。此时，应增设中间吊钩（用不小于 8mm 直径的圆钢制成）。中间吊钩固定点间的距离不应大于 12m。

（4）钢索线路安装时，对各种配线的支持件间的距离的允许偏差，均应符合表 6−10 所列的要求。

表 6−10　钢索上配线的允许偏差

项　　目		允许偏差/mm	检验方法
各种配线支持件间的距离	钢管配线	30	尺量检查
	硬塑料 310 配线	20	
	塑料护套线配线	5	
	瓷柱配线	30	

（5）应将钢索可靠接地。

（6）应遵守钢索线路中所吊装的配线方式的各种注意事项。

6.4　导线连接与绝缘恢复

6.4.1　导线连接的方法

1. 导线连接的质量要求

（1）在割开导线的绝缘层时，不应损伤线芯。

（2）铜（铝）芯导线的中间连接和分支连接应使用熔焊、线夹、瓷接头或压接法连接。

（3）分支线的连接接头处、干线不应受来自支线的横向拉力。

（4）截面为 10mm^2 及以下的单股铜芯线、截面为 2.5mm^2 及以下的多股铜芯线和单股铝芯线与电气器具的端子可直接连接，但多股铜芯线的线芯应先拧紧挂锡后再连接。

（5）多股铝芯线和截面 2.5mm^2 的多股铜芯线的终端，应焊接或压接端子后再与电气器具的端子连接。

（6）使用压接法连接铜（铝）芯导线时，连接管、接线端子、压模的规格应与线芯截面相符。

（7）绝缘导线的中间和分支接头，应用绝缘带包缠均匀、严密，并不低于原有的绝缘强度；在接线端子的端部与导线绝缘层的空隙处应用绝缘带包缠严密。

2. 单芯铜导线的线与线连接

1）直接接法

（1）绞接法。适用于 4.0mm² 及以下单芯线连接。将两线相互交叉，用双手同时把两芯线互绞两圈后再扳直，与连接线成 90°，将每个线芯在另一线芯上缠绕 5 回，剪断余头，如图 6-51 所示。

（2）缠卷法。适用于 6.0mm² 及以上的单芯直接连接，有加辅助线和不加辅助线两种。将两线相互并合，加辅助线后，用绑线在并合部位中间向两端缠卷（即公卷），长度为导线直径的 10 倍，然后将两线芯端头折回，在此向外单卷 5 回，与辅助捻卷 2 回，余线剪掉，如图 6-52 所示。

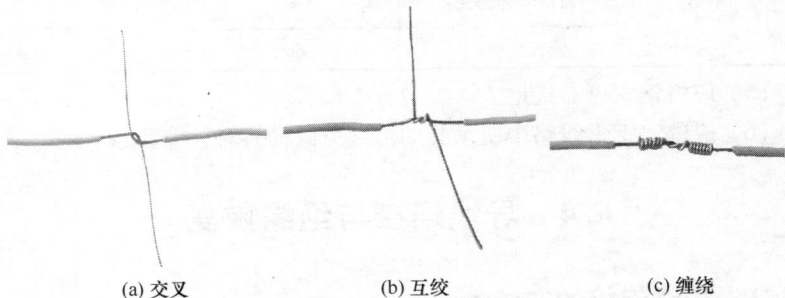

(a) 交叉　　　　　　　(b) 互绞　　　　　　(c) 缠绕

图 6-51　单股铜芯导线的直接绞接法步骤

2）分支接法

（1）T 字绞接法。适用于 4.0mm² 以下的单芯线。用分支的导线的线芯往干线上交叉，先粗卷 1~2 圈（或打结以防松脱），然后再密绕 5 圈，余线剪掉，如图 6-53 所示。

（2）T 字缠绕法。适用于 6.0mm² 及以上的单芯连接。将分支导线折成 90° 紧靠干线，先用辅助线在干线上缠 5 圈，然后在另一侧缠绕，公卷长度为导线直径的 10 倍，单卷 5 圈后余线剪掉，如图 6-54 所示。

（3）十字分支连接做法可以参照 T 字绞接法，如图 6-55 所示。

182

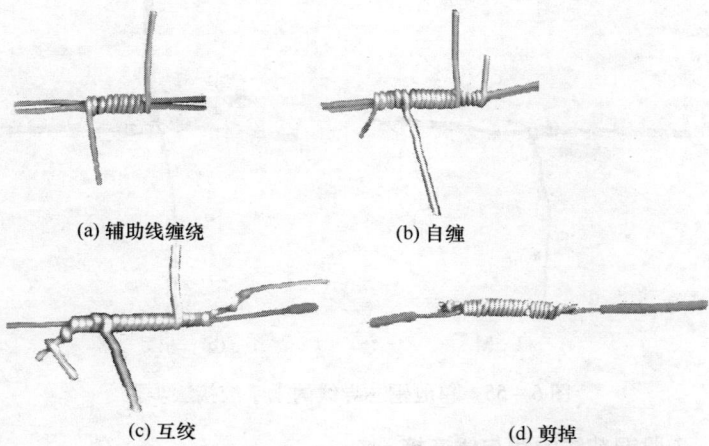

(a) 辅助线缠绕　　　　　　　　(b) 自缠

(c) 互绞　　　　　　　　　　　(d) 剪掉

图 6-52　单股铜芯导线的直接缠卷法步骤

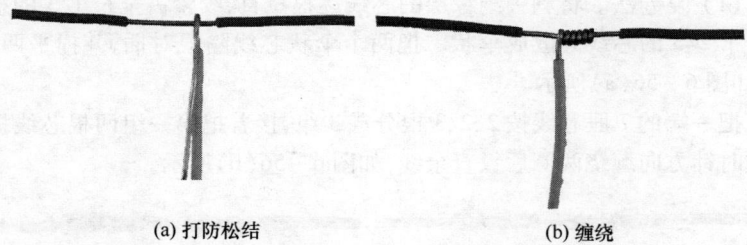

(a) 打防松结　　　　　　　　　(b) 缠绕

图 6-53　单股铜芯导线的 T 字分接法步骤

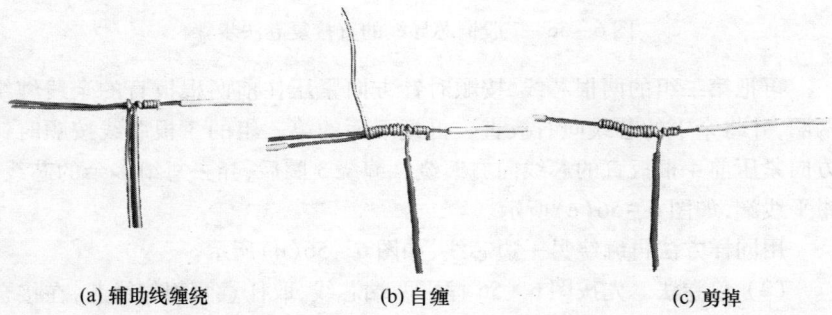

(a) 辅助线缠绕　　　　(b) 自缠　　　　(c) 剪掉

图 6-54　单股铜芯导线的 T 字缠绕法步骤

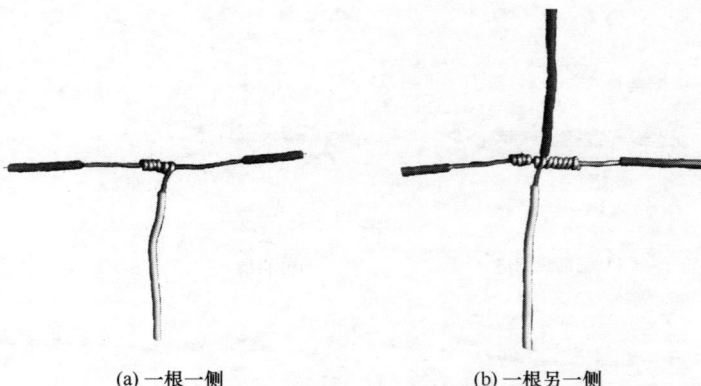

(a) 一根一侧　　　　　　　　　　(b) 一根另一侧

图 6 – 55　单股铜芯导线的十字绞接法步骤

3. 7 股铜芯线的线与线连接

1）直接接法

（1）复卷法。将剥去绝缘层的芯线逐根拉直,绞紧占全长 1/3 的根部,把余下 2/3 的芯线分散成伞状。把两个伞状芯线隔根对插,并捏平两端芯线,如图 6 – 56(a)所示。

把一端的 7 股芯线按 2、2、3 根分成 3 组,接着把第一组两根芯线扳起,按顺时针方向缠绕两圈后扳直余线,如图 6 – 56(b)所示。

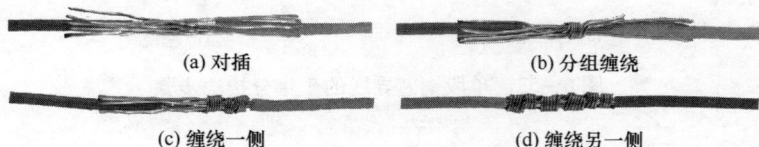

(a) 对插　　　　　　　　　　(b) 分组缠绕

(c) 缠绕一侧　　　　　　　　　　(d) 缠绕另一侧

图 6 – 56　7 股铜芯导线的直接复卷法步骤

再把第二组的两根芯线,按顺时针方向紧压住前两根扳直的余线缠绕两圈,并将余下的芯线向右扳直。再把下面的第三组的 3 根芯线按顺时针方向紧压前 4 根扳直的芯线向右缠绕。缠绕 3 圈后,弃去每组多余的芯线,钳平线端,如图 6 – 56(c)所示。

用同样方法再缠绕另一边芯线,如图 6 – 56(d)所示。

（2）单卷法。先按图 6 – 56 捏平两端芯线,取任意两相邻线芯,在接合处中央交叉,用一线端的一根线芯作绑扎线,在另一侧导线上缠绕 5 ~ 6 圈后,再用另一根线芯与绑扎线相绞后把原绑扎线压在下面继续按上述方法缠绕,缠绕长度为导线直径的 10 倍,最后缠绕的线端与一余线捻绞两圈后剪断。另一侧导线依同样方法进行,如图 6 – 57 所示,应把线芯相绞处排列在一条直线上。

图 6 – 57 7 股铜芯导线的直接单卷法步骤

（3）缠卷法。使用一根绑线时,先按图 6 – 56 捏平两端芯线,用绑线在导线连接中部开始向两端分别缠卷,长度为导线直径的 10 倍,余线与其中一根连接线芯捻绞两圈,余线剪掉,如图 6 – 58 所示。

图 6 – 58 7 股铜芯导线的直接缠卷法步骤

2）7 股铜芯线 T 字分支接法

（1）复卷法。把支路芯线松开钳直,将近绝缘层 1/8 处线段绞紧,把 7/8 线段的芯线分成 4 根和 3 根两组,然后用螺钉旋具将干线也分成 4 根和 3 根两组,如图 6 – 59(a)所示。并将支线中一组芯线插入干线两组芯线间,如图 6 – 59(b)所示。

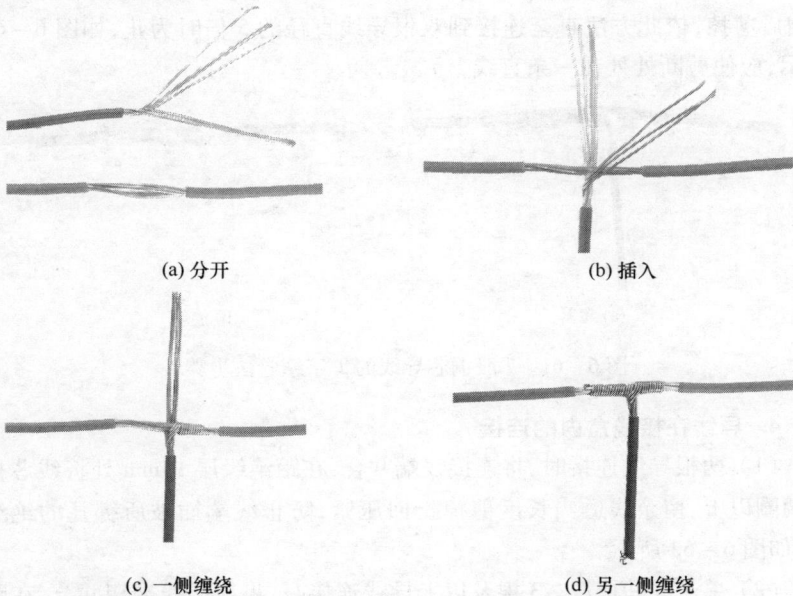

(a) 分开

(b) 插入

(c) 一侧缠绕

(d) 另一侧缠绕

图 6 – 59 7 股铜芯导线的 T 字复卷法步骤

185

把右边 3 根芯线的一组往干线一边顺时针紧紧缠绕 3～4 圈,如图 6-59(c)所示。再把左边 4 根芯线的一组按逆时针方向缠绕 4～5 圈,钳平线端并切去余线,如图 6-59(d)所示。

（2）单卷法。将分支线折成 90°靠紧干线,在绑线端部相应长度处弯成半圆形,将绑线短端与半圆形成 90°,与连接线靠紧,用长端缠卷,长度达到导线接合处直径 5 倍时,将绑线两端部捻绞两圈,剪掉余线,如图 6-60 所示。

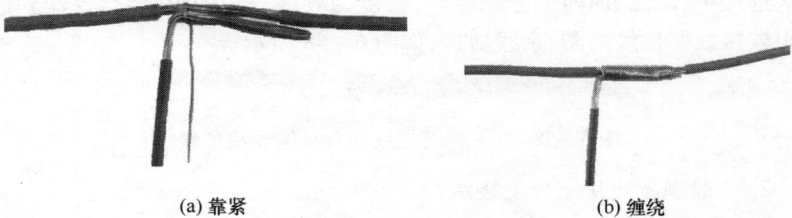

(a) 靠紧   (b) 缠绕

图 6-60   7 股铜芯导线的 T 字单卷法步骤

（3）缠卷法。将分支线破开根部折成 90°紧靠干线,用分支线其中一根线芯在干线上缠卷,缠卷 3～5 圈后剪掉,再用另一根线芯,继续缠卷 3～5 圈后剪掉,依此方法直至连接到双根导线直径的 5 倍时为止,如图 6-61 所示,应使剪断处处在一条直线上。

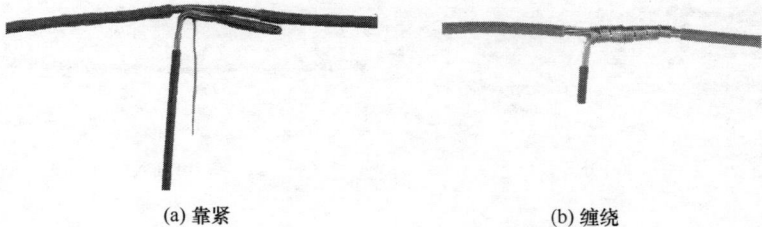

(a) 靠紧   (b) 缠绕

图 6-61   7 股铜芯导线的 T 字缠卷法步骤

4. 导线在接线盒内的连接

（1）两根导线连接时,将连接线端并合,在距绝缘层 15mm 处将线芯捻绞两圈以上,留余线适当长度剪掉折回压紧,防止线端插破所绑扎的绝缘层,如图 6-62 所示。

（2）单芯线并接法。3 根及以上导线连接时,将连接线端相并合,在距离绝缘层 15mm 处用其中一根线芯,在其连接线端缠绕 5 圈剪掉。把余线

186

有折回压在缠绕线上,如图 6 – 63 所示。

(a) 互绞 　　　　　　　　　　　　　　　(b) 折回压紧

图 6 – 62　盒内两根导线连接步骤

(a) 缠绕 　　　　　　　　　　　　　　　(b) 压紧

图 6 – 63　盒内多根导线连接步骤

(3)绞线并接法。将绞线破开顺直并合拢,用多芯分支连接缠卷法弯制绑线,在合拢线上缠卷。其长度为双根导线直径的 5 倍,如图 6 – 64 所示。

(a) 合拢 　　　　　　　　　　　　　　　(b) 缠绕

图 6 – 64　盒内绞线连接步骤

(4)不同直径导线连接法。如果细导线为软线时,则应先进行挂锡处理。先将细线压在粗线距离绝缘层 15mm 处交叉,并将线端部向粗线端缠卷 5 圈,将粗线端头折回,压在细线上,如图 6 –65 所示。

(a) 缠绕 　　　　　　　　　　　　　　　(b) 压紧

图 6 – 65　盒内不同线径导线连接步骤

5. 线头与针孔式接线桩连接

如单股芯线与接线桩头插线孔大小适宜,则把芯线先按电器进线位置弯制成型,然后将线头插入针孔并旋紧螺钉,如图 6 – 66 所示。如单股芯线较细,可将芯线线头折成双根,插入针孔再旋紧螺钉。

6. 线头与螺钉平压式接线桩的连接

首先制作压接圈,把在离绝缘层根部1/3 处向左外折角(多股导线应将

187

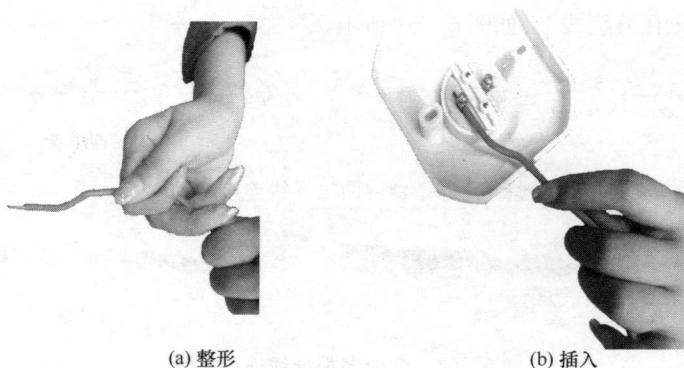

(a) 整形   (b) 插入

图 6 - 66　线头与针孔式接线桩连接步骤

离绝缘层根部约 1/2 长的芯线重新绞紧,越紧越好),如图 6 - 67(a)所示;
然后弯曲圆弧,如图 6 - 67(b)所示;当圆弧弯曲得将呈圆圈(剩下 1/4)时,
应将余下的芯线向右外折角,然后使其成圆,捏平余下线端,使两端芯线平
行,如图 6 - 67(c)所示。

　　然后旋松螺帽,将压接圈套在螺杆上,如图 6 - 67(d)所示;用螺丝刀将
螺帽拧紧,如图 6 - 67(e)所示。最后的效果如图 6 - 67(f)所示。

　　对于较大截面芯线则应装上接线耳,由接线耳与接线桩连接。

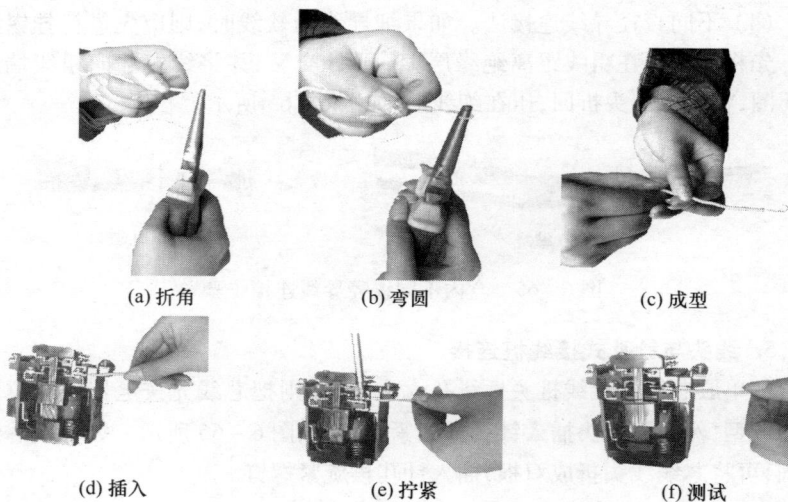

(a) 折角   (b) 弯圆   (c) 成型

(d) 插入   (e) 拧紧   (f) 测试

图 6 - 67　线头与螺钉平压式接线桩的连接步骤

188

6.4.2　导线绝缘恢复

1. 基本要求

（1）在包扎绝缘带前，应先检查导线连接处是否有损伤线芯，是否连接紧密，以及是否存有毛刺，如有毛刺必须先修平。

（2）缠包绝缘带必须掌握正确的方法，才能达到包扎严密、绝缘良好；否则会因绝缘性能不佳而造成短路或漏电事故。

2. 包扎工艺

（1）绝缘带应先从完好的绝缘层上包起，先从一端 1~2 个绝缘带的带幅宽度开始包扎，如图 6-68(a) 所示。在包扎过程中应尽可能收紧绝缘带，包到另一端在绝缘层上缠包 1~2 圈，再进行回缠，如图 6-68(b) 所示。

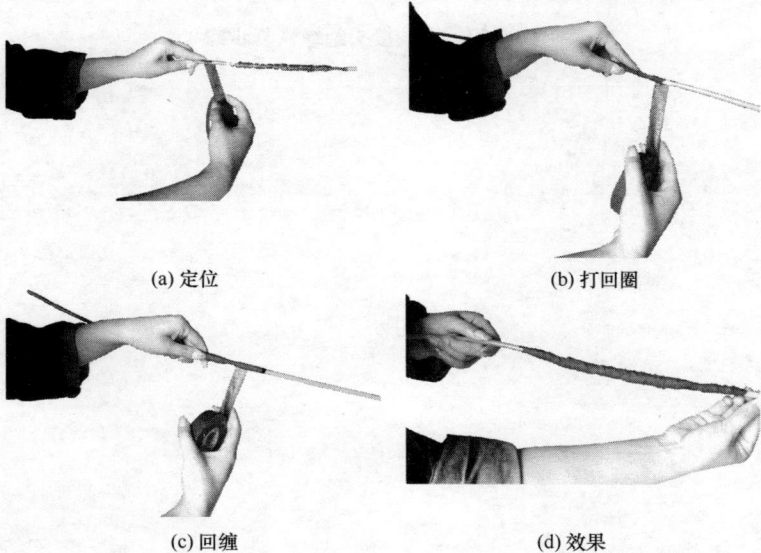

(a) 定位

(b) 打回圈

(c) 回缠

(d) 效果

图 6-68　直线接头绝缘恢复步骤

（2）用高压绝缘胶布包缠时，应将其拉长 2 倍进行包缠，并注意其清洁；否则无黏性，如图 6-69(a) 所示。

（3）采用黏性塑料绝缘包布时，应半叠半包缠不少于两层。当用黑胶布包扎时，要衔接好，应用黑胶布的黏性使之紧密地封住两端口，并防止连接处线芯氧化。

（4）并接头绝缘包扎时，包缠到端部时应再多缠 1~2 圈，然后由此处折回反缠压在里面,应紧密封住端部,如图6-69(b)所示。

(5)还要注意绝缘带的起始端不能露在外部,终了端应再反向包扎2~3回,防止松散。连接线中部应多包扎1~2层,使之包扎完的形状呈枣核形,如图6-69(c)所示。

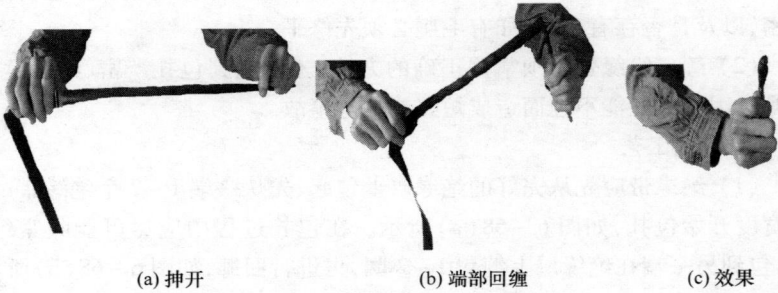

(a)抻开　　　　　　　(b)端部回缠　　　　　(c)效果

图6-69　终端接头绝缘恢复步骤

第7章 农村用电设备安装

7.1 照明安装

7.1.1 照明灯具的选择

1. 灯具的种类

灯具的种类繁多,按安装方式分类的方法及使用场所见表7-1。

表7-1 灯具按安装方式分类及使用场所

灯具名称	安 装 方 式	使 用 场 所
壁灯	墙壁、庭柱	用于局部照明、装饰照明或没有顶棚的场所
吸顶灯	顶棚	主要用于没有吊顶的房间。吸顶式的光带适用于计算机房、变电站等
嵌入式	嵌入在吊顶内	适用于吊顶的房间,与吊顶结合能形成美观的装饰艺术效果
半嵌入式	一半或部分嵌入顶棚	适用于顶棚吊顶深度不够的场所,在走廊处应用较多
吊灯	吊杆(管)、吊链(线)	普通房间
地脚灯	走廊地脚	应用在医院病房、公共走廊、宾馆客房、卧房等,便于人员行走
台灯	写字台、工作台	作为书写阅读使用
落地灯		主要用于高级客房、宾馆、带茶几沙发的房间以及家庭的床头或书房旁
庭院灯	庭、院地坪	适用于公园、街心花园、宾馆及机关学校的庭院照明
道路广场灯	道路旁、广场	用于车站广场、机场前广场、港口、码头、公共汽车站广场、立交桥、停车场、室外体育场等

灯具名称	安装方式	使用场所
移动式灯		用于室内、外移动件的工作场所以及室外电视、电影的摄影等场所
应急照明灯	随照明灯具布置	适用于公共场所的应急照明、紧急疏散照明、安全防火照明等

2. 灯具选择

（1）在工厂厂房中,普遍使用光效较高的开敞式直接配光灯具。例如,在高大厂房（6m 以上）使用探照型灯具,在不高的厂房使用余弦型或光照型灯具。而在办公室及公共建筑等处,由于天棚和墙面反射特性好,除采用开敞式灯具外,亦可使用漫射或间接配光灯具,从而获得舒适的视觉条件及良好的艺术效果。

（2）采用表面积大、符合亮度限制要求的照明器（如格栅、漫射罩等）对限制眩光有益;而采用使视线方向的反射光通减小到最低限度的特殊配光（如蝙蝠翼配光）照明器,可使光幕反射显著减弱。但均应对光的利用加以综合考虑。

（3）在特别潮湿的场所,宜采用防潮灯具;在有腐蚀性气体的场所,宜采用耐腐蚀材料制成的密闭灯具;而在有爆炸或火灾危险的场所,应根据爆炸或火灾危险的介质分类等级选择相应的灯具。

（4）一般灯具安装配件选择见表 7 - 2。

表 7 - 2　一般灯具安装配件选择表

安装方式		吊线灯	吊链灯	吊杆灯	吸顶灯	壁灯
设计图中标注符号		X	L	G		
导线		JBVV 2 × 0.5	RVS 2 × 0.5	与线路相同		
吊盒或灯架		一般房间用胶质潮湿房间用瓷质	金属吊盒		金属灯架	
灯口		100W 以下用胶质灯口,潮湿房间及封闭灯具用瓷质灯口				
木台	厚度/mm	20		25	30	
	油漆	四周先刷防水漆一道,外表面再刷白漆两遍				
	固定方式	一般采用机螺钉固定,如用木螺钉时,应用塑料胀管或预埋木砖固定				

安装方式	吊线灯	吊链灯	吊杆灯	吸顶灯	壁灯
材料	用 0.5mm 铁板或 1.0mm 厚的铝板制造,超过 100W 时,应作通风孔				
油漆	内表面喷银粉,外表面烤漆				

注:① 设计图中对吊线灯的标注符号:X 为自在器式吊线灯;X1 为固定式吊线灯;W 为弯
式;T 为台上安装式;BR 为墙壁嵌入式;J 为支架安装式;Z 为柱上安装式;X2 为防
潮、防水式吊线灯;X3 为人字式吊线灯;DR 为吸顶嵌入式;ZH 为座装式。
② 活动吊线灯的导线长度,应以垂直伸长时灯泡距地面不小于 800mm 为准

7.1.2 低压配电箱的安装

1. 配电箱预埋的做法

（1）在土建主体施工中,到达配电箱安装高度后将箱体埋入墙内,箱体放置要平正,找好垂直,使之符合要求。箱体是否突出墙面,应根据面板安装方式决定。

（2）宽度超过 500mm 的配电箱,其顶部要安装混凝土过梁;箱宽度在 30mm 及以上时,在顶部应设置钢筋砖过梁,$\phi 6mm$ 以上钢筋不少于 3 根,使箱体本身不受压,箱体周围用砂浆填实。

（3）在 240mm 厚的墙内暗装配电箱时,其后壁用 10mm 厚石棉板及直径为 2mm、孔洞为 10mm 的铅丝网钉牢,再用 1:2 水泥砂浆抹好以防开裂。

（4）低压配电箱的安装高度,除施工图中有特殊要求外,暗装时底口距地面为 1.4m;明装时为 1.2m,但明装电度表应为 1.8m,如图 7-1 所示。

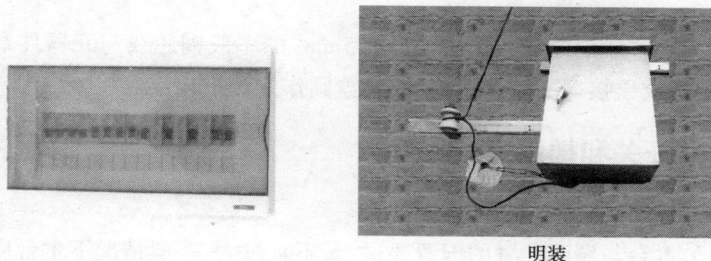

明装

图 7-1 配电箱安装方法

2. 配电箱明装的做法

配电箱在砖墙上安装,先在砖墙上打孔打入木砖,然后在木砖上钉一木

方,将配电箱安装在木方上。

3. 元器件安装

（1）当元器件位置确定后,用方尺找正,画出水平线,定出每个元器件的安装孔和出线孔,出线孔应均匀,然后撤掉元器件,进行钻孔,孔径应与绝缘管头相吻合。钻好孔后,木制盘面要刷好漆;对铁制盘面还要除锈,刷防锈漆和油漆。待油漆干后装上管头,并将全部元器件摆平、找正固定。

（2）盘上开关应垂直安装,总开关应装在盘面板的左边。

（3）盘上元器件的下方要设好标志牌,标明所控回路名称编号。

4. 导线与盘面元器件的连接

（1）整理好的导线应一线一孔穿过盘面——与元器件或端子等相连接,盘面上接线应整齐美观,安全可靠,同一端子上,导线不应超过两根,螺钉固定应有平垫圈。中性线应经过汇流排（或中性线端子板）采用螺栓接头。中性线端子板上,分支回路排列位置应与开关或熔断器位置对应,如图7-2所示。

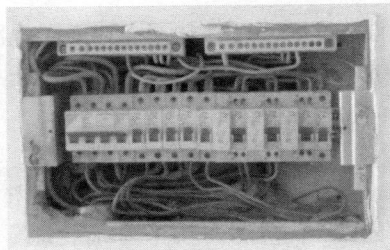

图7-2 三相配电箱内部布置

（2）凡多股铝导线和截面穿过2.5mm^{2}的多股铜芯线与元器件端子的连接,应焊成压接端子后再连接,严禁盘圆作线鼻子连接。

7.1.3 开关和插座安装

1. 木台（塑料台）安装

（1）木台与照明装置的配置要适当,不宜过大,一般情况下木台应比灯具法兰或吊线盒、平灯座的直径或长、宽大40mm。

（2）安装木台前,应先用电钻将木台的出线孔钻好;木台钻孔时,两孔不宜顺木纹。

（3）固定直径100mm及以上的木（塑料）台的螺钉不能少于两根;木

（塑料）台直径在 75mm 及以下时，可用一个螺钉固定。木（塑料）台安装应牢固，紧贴建筑物表面无缝隙。安装木（塑料）台时，不能把导线压在木（塑料）台的边缘上。

（4）混凝土屋面暗配线路，灯具木（塑料）台应固定在灯位盒的缩口盖上。安装在铁制灯位盒上的木（塑料）台，应用机械螺栓固定，如图 7-3（b）所示。

（5）混凝土屋面明配线路，应预埋木砖或打洞，使用木螺钉或塑料胀管固定木（塑料）台，如图 7-3（c）所示。

（6）在木梁或木结构的顶棚上，可用木螺钉直接把木（塑料）台拧在木头上。较重的灯具必须固定在楞木上，如不在楞木位置，必须在顶棚内加固。

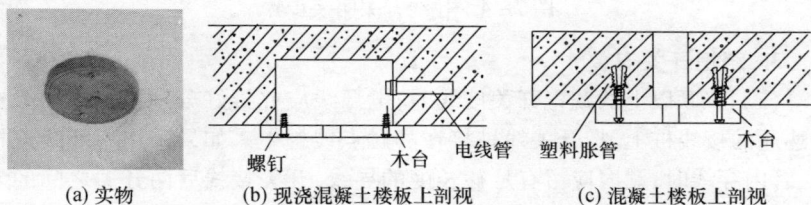

(a) 实物　　　　(b) 现浇混凝土楼板上剖视　　　(c) 混凝土楼板上剖视

图 7-3　木台安装方法

（7）塑料护套线直敷配线的木（塑料）台，按护套线的粗度挖槽，将护套线压在木（塑料）台下面，在木（塑料）台内不得剥去护套绝缘层。

（8）潮湿场所除要安装防水、防潮灯外，还要在木台与建筑物表面安装橡胶垫，橡胶垫的出线孔不应挖大孔。应一线一孔，孔径与线径相吻合，木台四周应刷一道防水漆，再刷两道白漆，以保持木质干燥。

2. 拉线开关安装

（1）暗配线安装拉线开关，可以装设在暗配管的八角盒上，先将拉线开关与木（塑）台固定好，在现场一并接线及固定开关连同木（塑）台。

（2）明配线安装拉线开关，应先固定好木（塑）台，拧下拉线开关盖，把两个线头分别穿入开关底座的两个穿线孔内，用两枚直径不大于 20mm 木螺钉将开关底座固定在木（塑）台上，把导线分别接到接线桩上，然后拧上开关盖，如图 7-4 所示。注意拉线口应垂直朝下不使拉线口发生摩擦，防止拉线磨损断裂。

（3）多个拉线开关并装时，应使用长方形木台，拉线开关相邻间距不应小于 20mm。

（4）安装在室外或室内潮湿场所的拉线开关，应使用瓷质防水拉线开关。

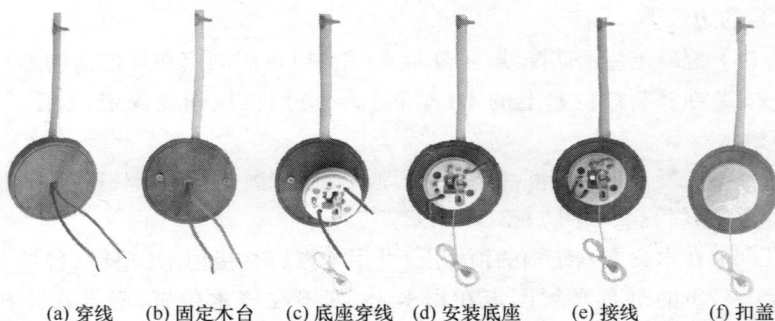

(a) 穿线　　(b) 固定木台　　(c) 底座穿线　　(d) 安装底座　　(e) 接线　　(f) 扣盖

图 7-4　拉线开关明装步骤

3. 跷把开关安装

（1）双联以上的跷把开关接线时，电源线应并接好分别接到与动触点相连通的接线桩上，把开关线桩接在静触点线桩上。如果采用不断线连接时，管内穿线时，盒内应留有足够长度的导线，开关接线后两开关之间的导线长度不应小于 150mm，且在线芯与接线桩上连接处不应损伤线芯。跷把开关安装方法如图 7-5 所示。

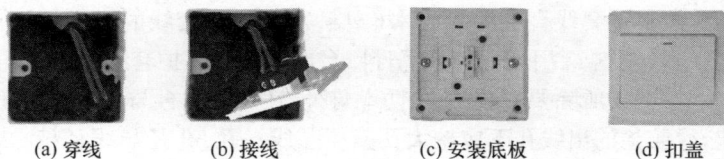

(a) 穿线　　　　(b) 接线　　　　(c) 安装底板　　　　(d) 扣盖

图 7-5　跷把开关暗装步骤

（2）暗装开关应有专用盒，严禁开关无盒安装。开关周围抹灰处应尺寸正确、阳角方正、边缘整齐、光滑。墙面裱糊工程在开关盒处应交接紧密、无缝隙。饰面板（砖）镶贴时，开关盒处应用整砖套割吻合，不准用非整砖拼凑镶贴，如图 7-6 所示。

（3）跷把开关无论是明装还是暗装，均不允许横装，即不允许把手柄处于左右活动位置，因为这样安装容易因衣物勾拉而发生开关误动作。

4. 插座安装

（1）插座安装前与土建施工的配合以及对电气管、盒的检查清理工作应同开关安装同时进行。暗装插座应有专用盒，严禁无盒安装，暗装步骤如

196

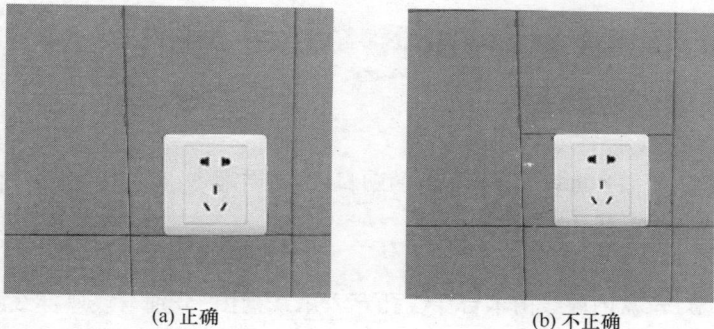

(a) 正确　　　　　　　　　　　　(b) 不正确

图 7 – 6　开关镶贴方法

图 7–7 所示。

(a) 电源线整理　　　　　　(b) 接线　　　　　　(c) 扣盖

图 7 – 7　插座暗装步骤

（2）插座是长期带电的电器，是线路中最易发生故障的地方，插座的接线孔都有一定的排列位置，不能接错，尤其是单相带保护接地的三孔插座，一旦接错，就容易发生触电伤亡事故。插座接线时，应仔细辨认识别盒内分色导线，正确地与插座进行连接。面对插座，单相双孔插座应水平排列，右孔接相线，左孔接中性线；单相三孔插座，上孔接保护地线（PEN），右孔接相线，左孔接中性线；三相四孔插座，保护接地（PEN）应在正上方，下孔从左侧分别接在 L1、L2、L3 相线。同样用途的三相插座，相序应排列一致。

（3）插座接线完成后，将盒内安装的导线顺直，也盘成圆圈状塞入盒内。

（4）插座面板的安装不应倾斜，面板四周应紧贴建筑物表面，无缝隙、孔洞。面板安装后表面应清洁。

（5）埋地时还可埋设塑料地面出现盒，但盒口调整后应与地面相平，立管应垂直于地面。

7.1.4 灯具安装

1. 软线吊灯安装

1）软线加工

截取所需长度（一般为2m）的塑料软线，两端剥出线芯拧紧（或制成羊眼圈状）挂锡。

2）吊线盒安装

把灯位盒内导线由木台穿线孔穿入吊线盒内，分别与底座穿线孔邻近的接线桩上连接。

3）灯具安装

拧下吊灯座盖，把软线分别穿过灯座和吊线盒盖的孔洞，然后打好保险扣，防止灯座和吊线盒螺钉承受拉力。将软线的一端与灯座的两个接线桩分别连接，另一端与吊线盒的邻近隔脊的两个接线桩分别相连接。注意零线接在与灯座螺口触点相连接的接线桩上，并拧好灯座螺口及中心触点的固定螺钉，防止松动，最后将灯座盖拧好，如图7-8所示。

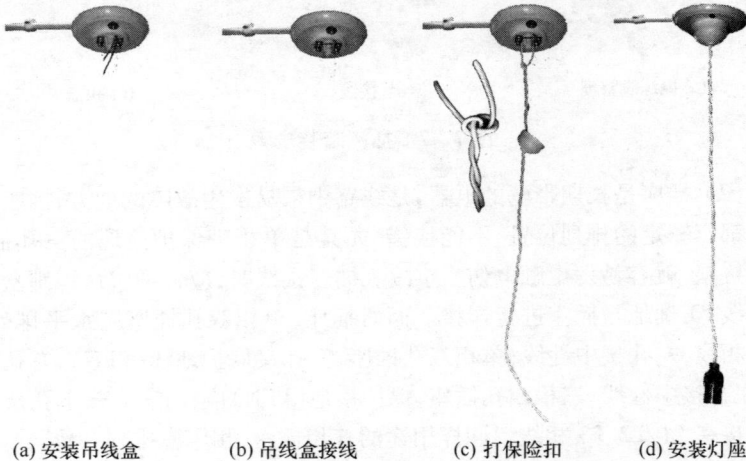

(a) 安装吊线盒　　　(b) 吊线盒接线　　　(c) 打保险扣　　　(d) 安装灯座

图7-8　软线吊灯的安装步骤

2. 吊杆灯明装

（1）根据安装位置安装膨胀管，将导线一端穿入上法兰，另一端由下法兰管口穿出。

（2）将上法兰用自攻螺钉固定在膨胀管上。

198

（3）注意把零线接在与灯座螺口触点相连接的线桩上。

（4）用螺栓将灯座固定在下法兰上。

（5）将护罩穿过灯座，然后将螺帽拧法兰螺纹上，如图7－9所示。

暗装时应将灯具组装，一起固定在八角盒上。

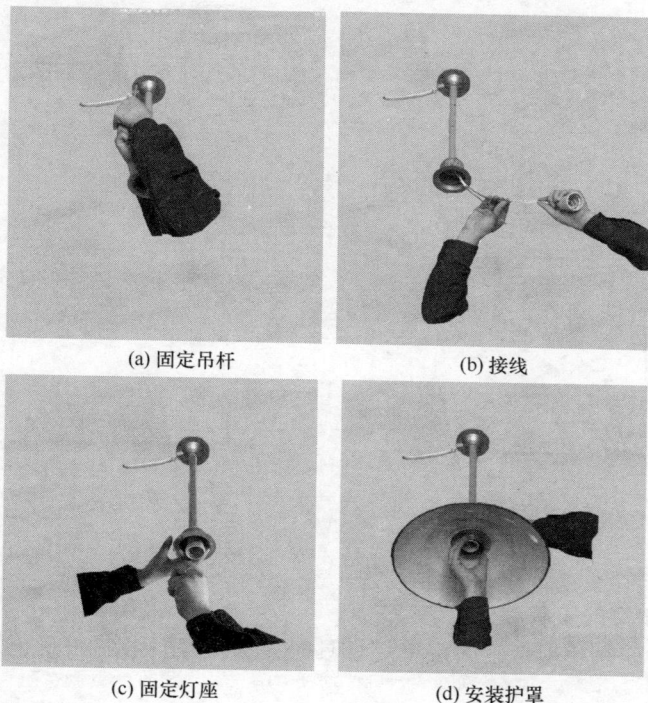

(a) 固定吊杆　　　　　　　　　　(b) 接线

(c) 固定灯座　　　　　　　　　　(d) 安装护罩

图7－9　吊杆灯明装

3. 简易吊链式荧光灯安装

（1）软线加工。根据不同需要截取不同长度的塑料软线，各连接线端均应挂锡。

（2）灯具组装。把两个吊线盒分别与木台固定，将吊链与吊环安装为一体，并将吊链上端与吊线盒盖用U形铁丝挂牢，将软线分别与吊线盒内的镇流器和启辉器接线桩连接好。

（3）灯具安装。把电源相线接在吊线盒接线桩上，把零线接在吊线盒另一接线桩上，然后把木台固定到接线盒上。

（4）安装卡牢荧光灯管，进行管脚接线，宜把启辉器的与双金属片相连的接线柱接在与镇流器相连的一侧灯脚上,另一接线柱接在与零线相连的一侧灯脚上,这样接线可以迅速点燃并可延长灯管寿命,如图7-10所示。

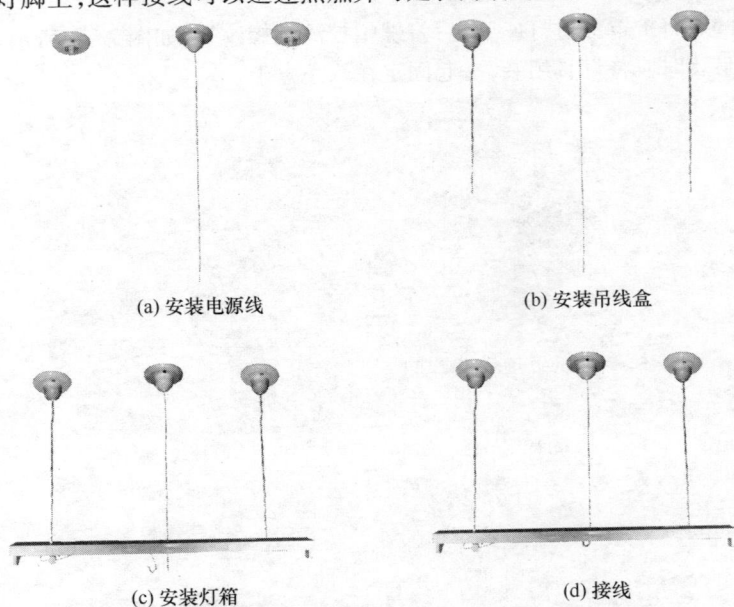

(a) 安装电源线　　　　　　　　　　(b) 安装吊线盒

(c) 安装灯箱　　　　　　　　　　　(d) 接线

图7-10　吊链式荧光灯安装步骤

4. 壁灯的安装

(1) 采用梯形木砖固定壁灯灯具时,木砖须随墙砌入,禁止采用木楔代替。

(2) 如果壁灯安装在柱上,将木台固定在预埋柱内的木砖或螺栓上,也可打眼用膨胀螺栓固定灯具木台。

(3) 安装壁灯如需要设置木台时,应根据灯具底座的外形选择或制作合适的木台,把灯具底座摆放在上面,四周留出的余量要对称,确定好出线孔和安装孔位置,再用电钻在木台上钻孔。当安装壁灯数量较多时,可按底座形状及出线孔和安装孔的位置,预先做一个样板,集中在木台上定好眼位,再统一钻孔。

(4) 安装木台时,应将灯具导线一线一孔由木台出线孔引出,在灯位盒内与电源线相连接,将接头处理好后塞入灯位盒内,把木台对正灯位盒将其固定牢固,并使木台不歪斜,紧贴建筑物表面,再将灯具底座用木螺钉直接固定在木台上,如图7-11所示。

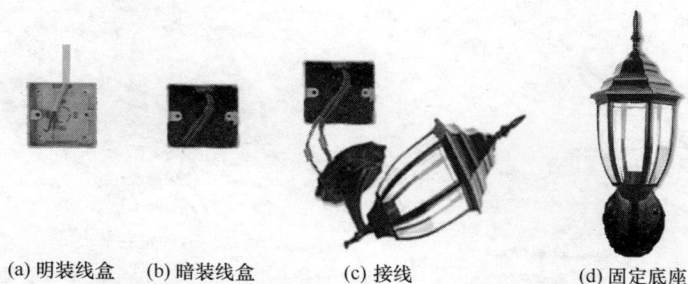

| (a) 明装线盒 | (b) 暗装线盒 | (c) 接线 | (d) 固定底座 |

图 7 – 11　壁灯安装步骤

（5）如果灯具底座固定方式是钥匙孔式,则需在木台适当位置上先拧好木螺钉,木螺钉头部留出木台的长度应适当,防止灯具松动。

（6）同一工程中成排安装的壁灯,安装高度应一致,高低差不应大于5mm。

5. 普通吸顶灯的安装

（1）安装有木台的吸顶灯,在确定好的灯位处,应先将导线由木台的出线孔穿出,再根据结构的不同,采用不同的方法安装。木台固定好后,将灯具底板与木台进行固定。若灯泡与木台接近时,要在灯泡与木台之间铺垫3mm厚的石棉板或石棉布隔热。

（2）质量超过3kg的吸顶灯,应把灯具或木台直接固定在预埋螺栓上,或用膨胀螺栓固定。

（3）当建筑物顶棚表面平整度较差时,可以不使用木台,而使用空心木台,使木台四周与建筑物顶棚接触,易达到灯具紧贴建筑物表面无缝隙的标准。

（4）在灯位盒上安装吸顶灯,其灯具或木台应完全遮盖住灯位盒,如图 7 – 12所示。

6. 荧光吸顶灯的安装

（1）根据已敷设好的灯位盒位置,确定荧光灯的安装位置,在灯箱的底板上用电钻打好安装孔,并在灯箱上对着灯位盒的位置同时打好进线孔。

（2）安装时,在进线孔处套上软塑料保护管保护导线,将电源线引入灯箱内,固定好灯箱,使其紧贴在建筑物表面上,并将灯箱调整顺直。

（3）灯箱固定后,将电源线压入灯箱的端子板（或瓷接头）上,无端子板（或瓷接头）的灯箱,应把导线连接好,把灯具的反光板固定在灯箱上,最后把荧光管装好,如图 7 – 13 所示。

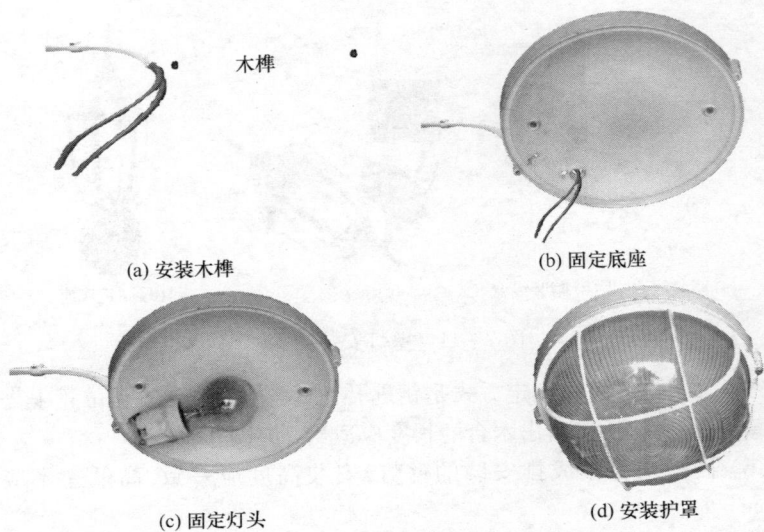

(a) 安装木榫 木榫

(b) 固定底座

(c) 固定灯头

(d) 安装护罩

图 7 - 12   防水吸顶灯明装步骤

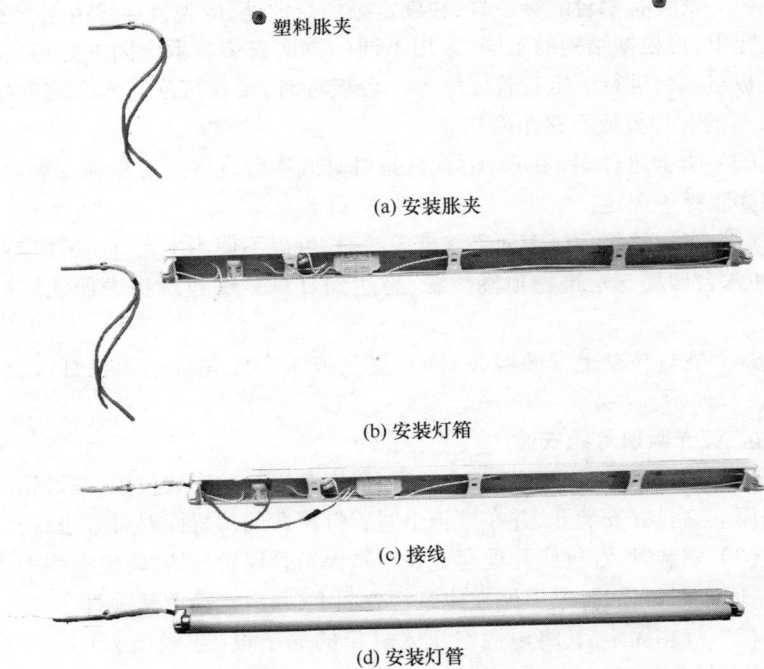

塑料胀夹

(a) 安装胀夹

(b) 安装灯箱

(c) 接线

(d) 安装灯管

图 7 - 13   荧光灯吸顶安装

7.1.5 电气照明线路的故障检查方法

1. 观察法

问:在故障发生后,应首先进行调查,向出事故时在场者或操作者了解故障前后的情况,以便初步判断故障种类及发生的部位。

闻:有无由于温度过高烧坏绝缘而发出的气味。

听:有无放电等异常响声。

看:沿线路巡视,检查有无明显问题,如导线破皮、相碰、断线、灯丝断、灯口有无进水、烧焦等,特别是大风天气中有无碰线、短路放电打火花、起火冒烟等现象,然后再进行重点部位查。

摸:当线路负荷过载或发生短路时,温度会明显上升,可用手去摸电气线路来判断。

2. 测试法

对线路、照明设备进行直观检查后,应充分利试电笔、万用表、试灯等进行测试。但应注意当有缺相时,只用试电笔检查是否有电是不够的,当线路上相线间接有负荷时(如变压器、电焊机等)而测量断路相,试电笔也会发光而误认为该相未断,这时应使用万用表交流电压挡测试,才能准确判断是否缺相。

3. 支路分段法

可按支路或用"对分法"分段检查,缩小故障范围,逐渐逼近故障点。

对分法即在检查有断路故障的线路时,大约在一半的部位找一个测试点,用试电笔、万用表、试灯等进行测试。若该点有电,说明断路点在测试点负荷一侧;若该点无电,说明断路点在测试点电源一侧。这时应在有问题的"半段"的中部再找一个测试点,依此类推,就能很快趋近断路点。

4. 照明线路短路故障

1)故障现象

熔断器熔体熔断,短路点处有明显烧痕、绝缘炭化,严重时会使导线绝缘层烧焦甚至引起火灾。

2)故障原因

(1)安装不符合规定,多股导线未拧紧,压接不紧,有毛刺。

(2)相线、零线压接松动、距离过近,当遇到某些外力时,使其相碰造成相线对零线短路或相间短路;螺口灯头、顶芯与螺纹部分松动,装灯泡时使灯芯与螺纹部分相碰短路。

（3）恶劣天气影响,如大风使绝缘支持物损坏,导线相互碰撞、摩擦,使导线绝缘损坏,引起短路;雨天,电气设备的防水设施损坏,使雨水进入电气设备造成短路。

（4）电气设备使用环境中有大量导电尘埃,防尘设施不当,使导电尘埃落入电气设备中引起短路。

（5）人为因素,如土建施工时将导线、配电盘等临时移动位置,处理不当,施工时误碰架空线或挖土时损伤土中电缆等。

3）故障检查

短路故障的查找一般是采用分支路、分段与重点部位相结合的方法,可利用试灯进行检查。

将被测线路上的所有支路上的开关均置于断开位置,把线路的总开关拉开,将试灯串接在被测线路中,如图7-14(a)所示,然后闭合总开关。如此时试灯能正常发光,说明该线路确有短路故障且短路故障在线路干线上,而不在支线上;如试灯不亮,说明该线路干线上没有短路故障,而故障点可能在支线上,下一步应对各支路按同样的方法进行检查。在检查到直接接照明负荷的支路时,可顺序将每只灯的开关闭合,并在每合一个开关的同时,观察试灯能否正常发光,如试灯不能正常发光,说明故障不在此灯的线路上;如在合某一只灯时,试灯正常发光,说明故障在此灯的接线中,如图7-14(b)所示。

5. 照明线路断路故障

1）故障现象

相线、零线断路后,负荷将不能正常工作,如三相四线制供电线路负荷不平衡时,当零线断线后造成三相电压不平衡,负荷大的一相电压低,负荷小的一相电压高,若负荷是白炽灯,会出现一相灯光黯淡,而接在另一相上的灯又变得很亮,同时零线端口负荷侧将会出现对地电压。单相线路出现断线时,负荷将不工作。

2）故障原因

（1）负荷过大使熔体烧断。

（2）开关触点松动,接触不良。

（3）导线断线,接头处腐蚀严重(特别是铜、铝线未采用铜铝过渡接头而直接连接)。

（4）安装时导线接头处压接不实,接触电阻过大,造成局部发热引起连接处氧化。

(a) 干线

(b) 支路

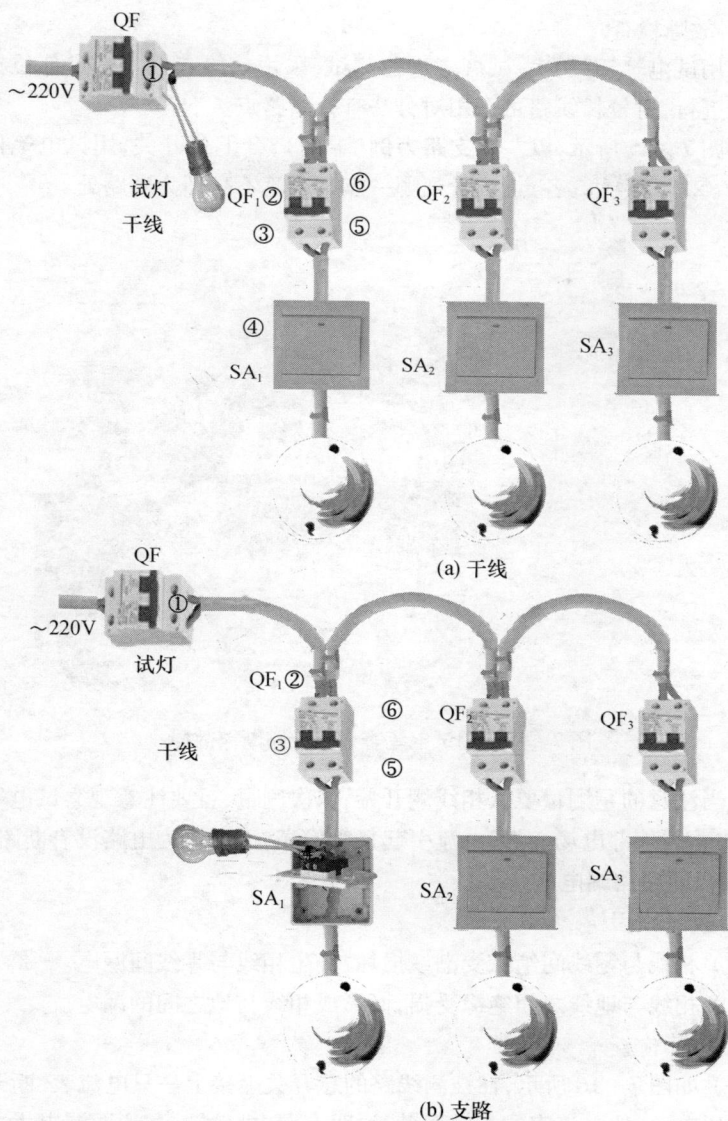

图 7-14 用试灯检查照明线路短路故障

（5）大风恶劣天气，使导线断线。

（6）人为因素，如搬运过高物品时将电线碰断，由于施工作业不注意将电线碰断及人为碰坏等。

3）故障检查

可用试电笔、万用表、试灯等进行测试，采用分段查找与重点部位检查相结合进行，对较长线路可采用对分法查找断路点。

如图7－15所示，以左边支路为例（下同），合上各开关，用试电笔依次测试①、②、③、④、⑤各点，测量到哪一点试电笔不亮即为断路处。

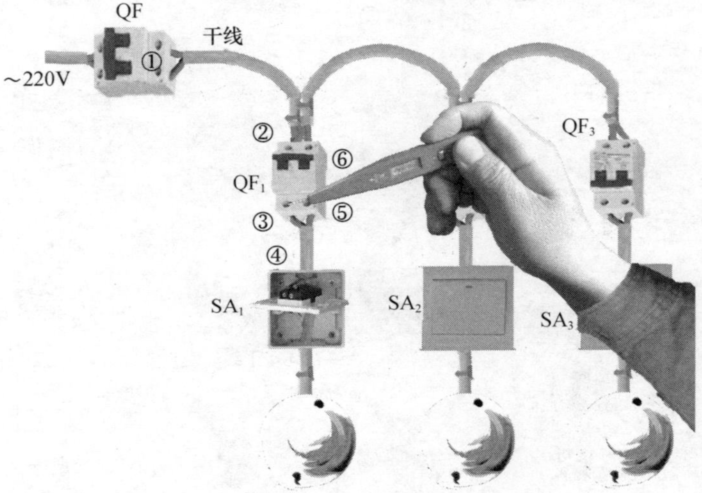

图7－15　用试电笔查照明线路断路故障

应当注意的是测量要从相线侧开始，依次测量，且要注意观察试电笔的亮度，防止因外部电场、泄漏电流引起氖管发亮，而误认为电路没有断路。

6. 照明线路漏电

1）故障原因

（1）相线与零线间绝缘受潮或损坏，产生相线与零线间漏电。

（2）相线与地线之间绝缘受损，而形成相线与地之间的漏电。

2）故障检查

（1）如图7－16所示，在被测线路的总开关上接上一只电流表，断开负荷后接通电源，如电流表的指针摆动，说明有漏电，偏转多，说明漏电大。确定漏电后，再进一步检查。

（2）切断零线，如电流表指示不变或绝缘电阻不变，说明相线与大地之间漏电。如电流表指示回零或绝缘电阻恢复正常，说明相线与零线之间漏电。如电流表指示变小但不为零，或绝缘电阻有所升高但仍不符合要求，说

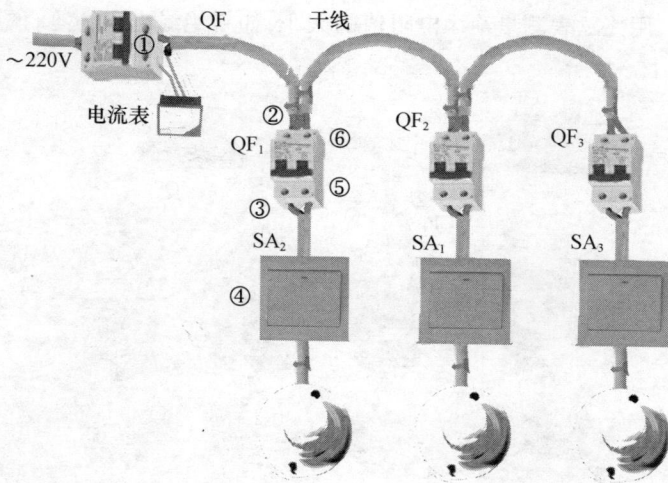

图 7 - 16　电流表法查照明线路漏电故障

明相线与零线、相线与大地之间均有漏电。

（3）取下分路熔断器或拉开分路开关，如电流表指示或绝缘电阻不变，说明总线路漏电。如电流表指示回零或绝缘电阻恢复正常，说明分路漏电。如电流表指示变小，但不为零，或绝缘电阻有所升高，但仍不符合要求，说明总线路与分线路都有漏电，这样可以确定漏电的范围。

（4）按上述方法确定漏电的分路或线段后，再依次断开该段线路灯具的开关，当断开某一开关时，电流表指示回零或绝缘电阻正常，说明这一分支线漏电。如电流表指示变小或绝缘电阻有所升高，说明除这一支路漏电外，还有其他漏电处。如所有的灯具开关都断开后，电流表指示不变或绝缘电阻不变，说明该段干线漏电。

（5）用上述方法依次将故障缩小到一个较短的线段后，便可进一步检查该段线路的接头、接线盒、电线过墙处等是否有绝缘损坏情况，并进行处理。

7. 照明线路绝缘电阻降低

1）故障原因

电气照明线路由于使用年限过久，绝缘老化，绝缘子损坏，导线绝缘层受潮或磨损等原因都会使绝缘电阻降低。

2）测量方法

（1）在总断路器后接一个兆欧表，如图 7 - 17 所示。切断零线，拉开分路断路器,用兆欧表测量绝缘电阻值的大小,如果绝缘电阻为零,说明接地点在干线上。

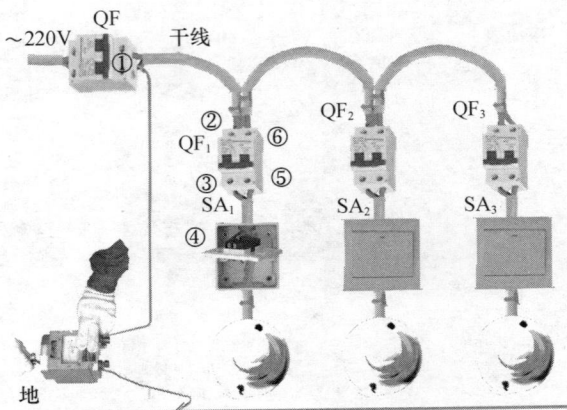

图7-17　兆欧表法查照明线路接地故障

（2）如果电绝缘电阻不为零,分别合上分路断路器,如果合上某个断路器后,绝缘电阻变为零,说明接地点在该分路上。

（3）按上述方法确定接地的分路后,再依次测量该段线路各段导线,如果某段绝缘电阻为零,说明该段接地,可进一步检查该段线路的接头、接线盒、电线过墙处等是否有绝缘损坏情况,并进行处理。

7.2　农村家电安装

7.2.1　吊扇的安装

（1）吊扇安装前,应对预埋的吊钩进行检查,吊钩伸出建筑物的长度应以盖上吊扇吊杆护罩后,能将整个吊钩全部遮住为宜,如图7-18所示。

（2）吊钩弯好后,在挂上吊扇时,应使吊扇的重心和吊钩的直线部分处于同一直线上。

（3）吊扇安装时,在下面先将吊扇组装好,然后将吊扇托起,并用预埋的吊钩将吊扇的耳环挂牢,扇叶距地面的高度不应低于2.5m。然后按接线图接好电源接线头,并包扎紧密,向上托起吊杆上的护罩,将接线扣于其内。护罩应紧贴建筑物或木（塑）台,拧紧固定螺钉,步骤如图7-19所示。

（4）吊扇调速开关安装高度应为1.3m。吊扇运转时扇叶不应有显著

208

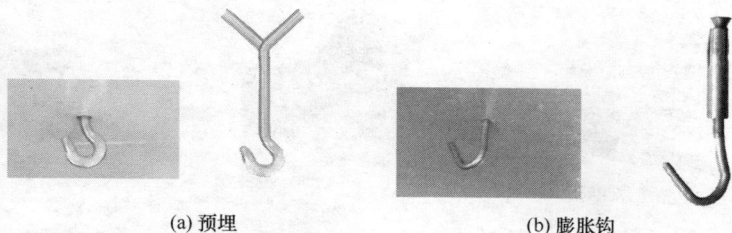

(a) 预埋   (b) 膨胀钩

图 7 – 18 　吊钩的安装方法

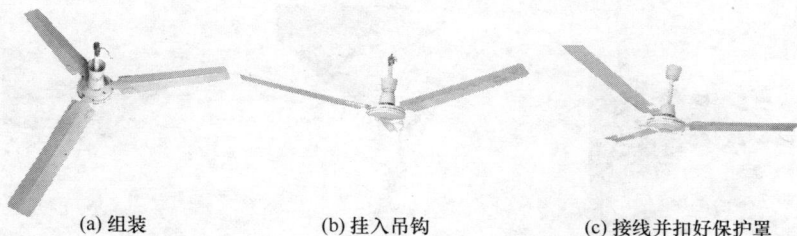

(a) 组装   (b) 挂入吊钩   (c) 接线并扣好保护罩

图 7 – 19 　吊扇安装步骤

的颤动。

（5）当用气焊弯曲预埋吊钩下部进行加热时，应用薄铁板与混凝土楼板或顶棚隔离，防止污染和烤坏楼板或顶棚。用钢筋板子煨弯时，应防止损坏建筑物装饰面。

7.2.2　卫星电视的安装

1. 高频插头与电缆的装配

如图 7 – 20 所示。接头长度量好后，切除多余的护套、剥开屏蔽层、切除绝缘层，然后将插头元件插入电缆屏蔽层内，拧紧螺母后，将铜芯预留 2～3mm 后剪掉。

2. 天线的安装

（1）选择一个有支撑物并且无遮挡的地方安装卫视接收器。地点选择好后，在支撑物上按接收器底角尺寸，打 4 个孔固定接收器，如图 7 – 21 所示。

（2）电缆可以参照护套线敷设的方法固定。

（3）设备连接好后，接通电源，将电视选择在视频 1，出现"中国卫星电视"字样，表示线路工作正常。

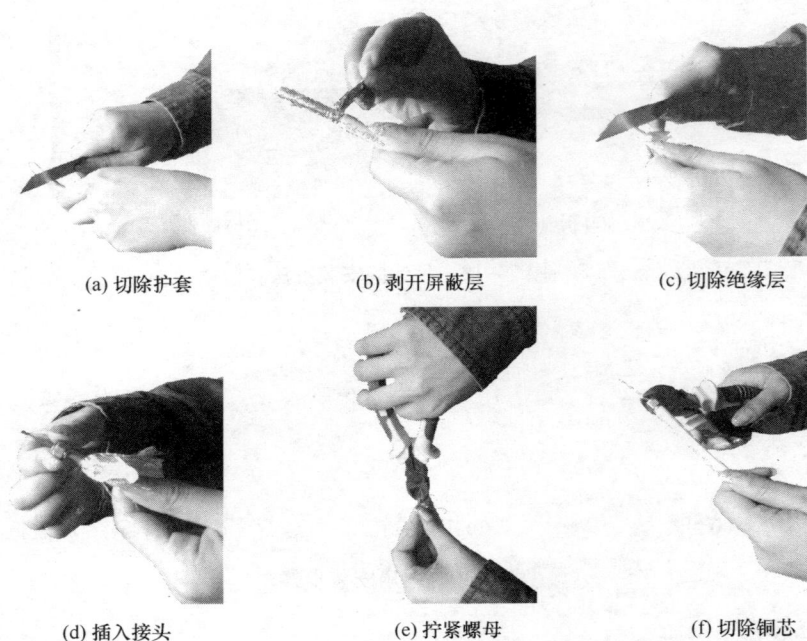

(a) 切除护套　　　　　　(b) 剥开屏蔽层　　　　　　(c) 切除绝缘层

(d) 插入接头　　　　　　(e) 拧紧螺母　　　　　　(f) 切除铜芯

图 7 - 20　高频插头与电缆的装配

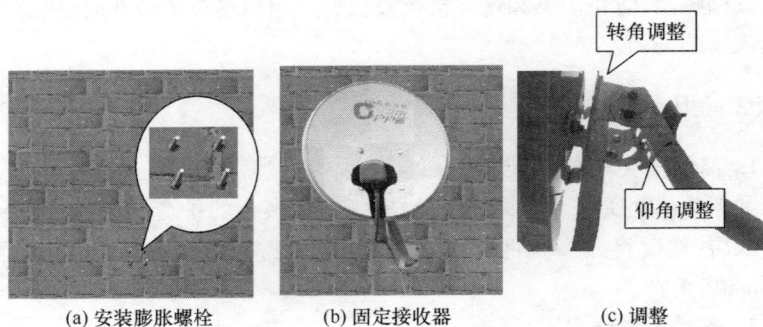

转角调整

仰角调整

(a) 安装膨胀螺栓　　　　(b) 固定接收器　　　　　(c) 调整

图 7 - 21　接收器的安装

（4）按下遥控器菜单选择，调整接收器的仰角和转角，使屏幕上"信号强度"和"信号质量"最大。整个安装过程结束。

7.2.3　排气扇的安装

（1）在排气孔上安装排气扇，先将原木框上铁丝网拆除，如图 7 - 22

（a）所示。

（2）在胶合板上开一圆孔，将排气扇外套固定在圆孔上，将胶合板锯成与排气孔尺寸相同的形状，如图7-22（b）所示。

（3）将胶合板固定在木框上，如图7-22（c）所示。

（4）将排气扇插入外套，如图7-22（d）所示。

（5）插座的安装应距离排气扇外框150mm左右。

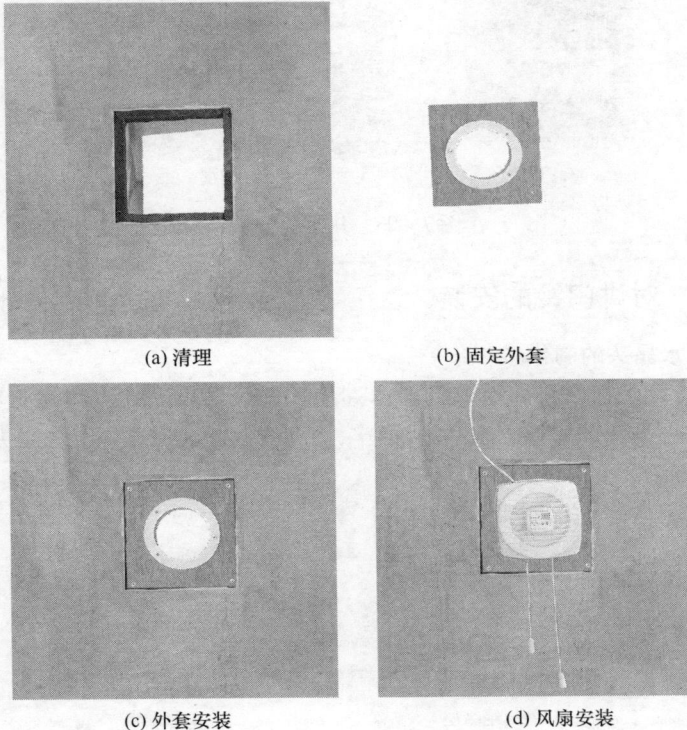

(a) 清理   (b) 固定外套

(c) 外套安装   (d) 风扇安装

图7-22　排气扇的安装方法

7.2.4　排烟罩的安装

（1）将排烟罩进风口正对炉灶，使进风口距离炊具650~800mm。在安装墙上记下排烟罩两个挂环的位置，用电锤在固定挂环的墙上打两个直径为8mm、深约为30mm水平钻孔，将8mm的膨胀螺栓打入安装孔内。

（2）拧松机体两侧挂环螺钉，向上拉出挂环后将螺钉拧紧。

（3）把排烟罩的挂环挂入膨胀螺栓,调整排烟罩左右端至水平,并使排烟罩工作面与水平面成3°~5°的仰角,如图7-23所示,最后用扳手将膨胀螺栓螺母拧紧。

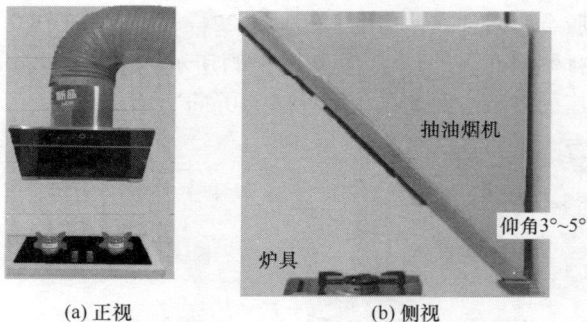

(a) 正视　　　　　　　　　　　(b) 侧视

图7-23　排烟罩安装

7.2.5　对讲门铃的安装

1. 水晶头的制作

用专用剥线钳将外绝缘层剥掉;扳直后留足2mm,在剥线钳上将余线剪掉;将芯线按顺序插入水晶头,插牢,用剥线钳的缺口压一下水晶头,使其接触良好,如图7-24所示。

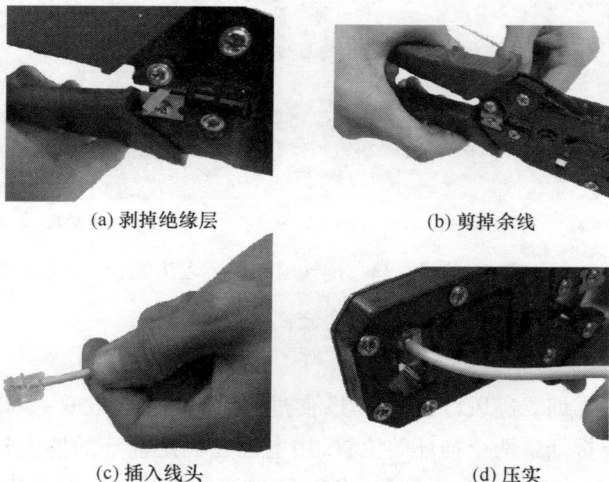

(a) 剥掉绝缘层　　　　　　　　(b) 剪掉余线

(c) 插入线头　　　　　　　　　(d) 压实

图7-24　水晶头制作

2. 系统安装

（1）明配线可以参照护套线配线方法进行,暗配线可以参照塑料管暗配线方法进行。

（2）采用塑料胀管明装,安装高度为 1.3~1.5m。

（3）室外主机门口安装时,要有防雨水措施,如图 7-25 所示。

(a) 户外机安装

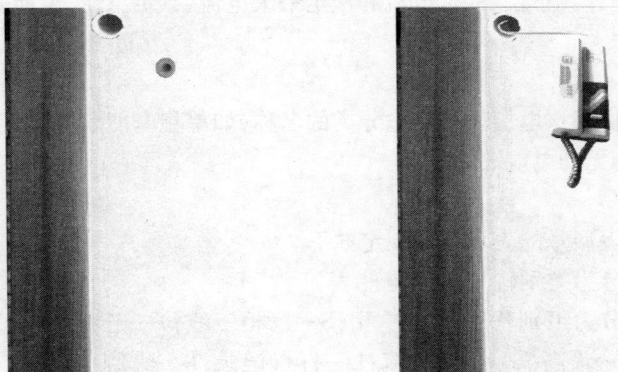

(b) 户内机安装

图 7-25　对讲门铃安装

第8章 电能测量与安全用电

8.1 电能的测量

8.1.1 电能表的铭牌标志

每只出厂的电能表,在表盘上都钉有一块铭牌,通常标注了名称、型号、准确度等级、电能计算单位、标定电流和额定最大电流、额定电压、电能表常数、频率等项标志。

1. 名称

电能表名称标明该电能表按用途分类的名称,如单相电能表、三相三线有功电能表、三相无功电能表。

2. 型号

我国对电能表型号的表示方式规定如下。

(1)第一部分为类别代号:D—电能表。

(2)第二部分为组别代号:D—单相;S—三相三线;T—三相四线;X—无功;B—标准;Z—最高需量;J—直流;L—打点记录;F—伏特小时计;A—安培小时计;H—总耗。

(3)第三部分为设计序号以阿拉伯数字表示:DD—单相电能表,如DD5、DD28 型;DS—三相三线有功电能表,如 DS15 型。

3. 准确度等级

电能表的准确度等级用置于一个圆圈内的数字来表示,如果圆圈内的数字是 2.0,则表明该表的准确度等级为 2.0 级,也就是说它的基本误差为 2%。

4. 电能计量单位的名称和符号

有功电能表用"千瓦时",即"kW·h";无功电能表为"千乏时",即"kvar·h"。

5. 标定电流和额定最大电流

标明于电能表铭牌上作为计算负载的基数电流值称为标定电流,用 I 表示。把电能表能长期正常工作,而误差与温升完全满足规定要求的最大电流值称为额定最大电流,用 I_z 表示。例如,DD28 型电能表铭牌的标定电流栏内,注 5(10)A 时,其表明标定电流为 5A,额定最大电流为 10A。如果额定最大电流不大于标定电流的 150%,则只标注额定电流。因此,经电流互感接入式的电能表及直接接入式的单相和三相电能表,其铭牌上标注的电流则是标定电流。

直接接入式的单相电能表,$I_z \geq 2I_b$。

直接接入式的三相电能表,$I_z \geq 1.5I_b$。

经互感器接入式的电能表,$I_z \geq 1.2I_b$。

若铭牌上只标出标定电流 I_b 数值的电能表,$I_z \geq 1.5I_b$。

6. 额定电压

三相电能表铭牌上额定电压有不同的标注方法。例如,标注为 $3 \times 380V$,表示相数是三相,额定线电压是 380V;对于三相四线电能表,标有相数、线电压和相电压,如 $3 \times 380/220V$,表示相数是三相,额定线电压是 380V,额定相电压是 220V,就是说此表电压线圈长期承受的额定电压是 220V,经电压互感器接入式的电能表则用电压互感器的额定变比形式表明额定电压,如 $3 \times \dfrac{600}{100}V$,则说明电能表的额定电压为 100V。

7. 电能表常数

电能表常数就是电能表的计度器的指示数和圆盘间的比例数。国家有功电能表常数标明为 $1kW \cdot h =$ 盘转数或 $r/(kW \cdot h)$,无功电能表常数标明为 $1kvar \cdot h =$ 盘转数或 $r/(kvar \cdot h)$。

8.1.2 电能表的测量

1. 单相电能的测量

图 8-1 所示为单相表测量有功接线,在 380/220V 及以下小电流电路中,用单相表直接接在电路上计量有功。要特别注意,相线与零线绝不能对调,即电度表中的输入端钮不能接在零线上,同样,其输出端钮也不能接在相线上;否则容易造成触电及漏计的后果。

如果负载电流超过表的额定电流时,表电流线圈须经电流互感器后接入电路。此时要注意,表电流线圈通过的电流是电流互感器二次电流,因此

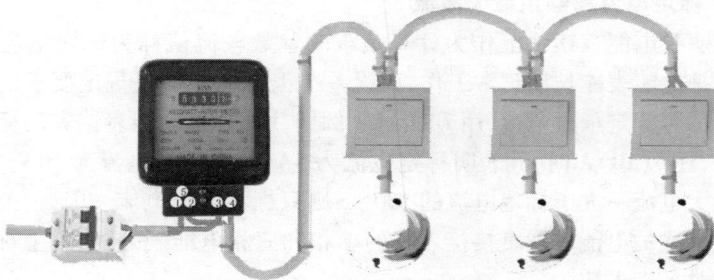

图 8 - 1　单相电能表接线

应变换到一次电流,即表的读数应乘以电流互感器电流比后才是实际消耗的数。

2. 三相电能的测量

三相三线电路中,无论三相电压、电流是否对称,一般多采用三相两元件表计量有功,其接线如图 8 - 2 所示。

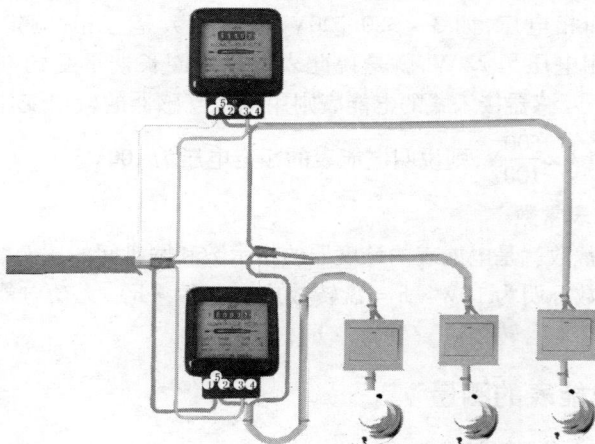

图 8 - 2　三相三线电能测量接线

三相四线电路采用三相三元件表计量比较方便,3 个读数之和即为三相电能实际数值,如图 8 - 3 所示。在负载对称的三相四线电路中,可以用一个单相表计量任意一相消耗的,然后乘以 3,即为三相有功实际数值。

216

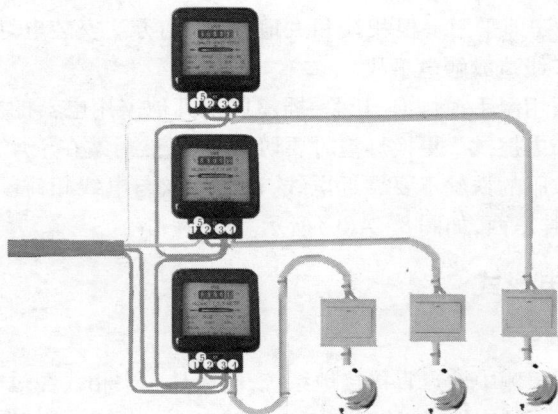

图 8 - 3　三相四线电能测量接线

8.2　安　全　用　电

8.2.1　用电注意事项

（1）不可用铁丝或铜丝代替熔丝，如图 8 - 4(a)所示。由于铁(铜)丝的熔点比熔丝高，当线路发生短路或超载时，铁(铜)丝不能熔断，失去对线路的保护作用。

（2）照明开关必须接在相线上、插座必须按"左零右火"安装。严禁使

(a) 铜丝代替熔丝

(b) 电线附近晒衣服

图 8 - 4　用电注意事项

217

用"一线一地"（即采用一根相线和大地零线）的方法安装电灯、杀虫灯，防止有人拔出零线造成触电事故。

（3）不要用湿手摸灯泡、开关、插座以及其他家用电器的金属外壳，更不能用湿抹布去擦拭。更换灯泡时要切断电源，然后站在干燥木凳上进行。

（4）晒衣服的铁丝不要靠近电线，以防铁丝与电线相碰。更不要在电线上晒衣服、挂东西，如图8－4(b)所示。

8.2.2　触电形式

1.　单相触电

变压器低压侧中性点直接接地系统，电流从一根相线经过电气设备、人体再经大地流回到中性点，这时加在人体的电压是相电压，如图8－5所示。其危险程度取决于人体与地面的接触电阻。

2.　两相触电

电流从一根相线经过人体流至另一根相线，在电流回路中只有人体电阻，如图8－6所示。在这种情况下，触电者即使穿上绝缘鞋或站在绝缘台上也起不了保护作用，所以两相触电是很危险的。

图8－5　变压器低压侧中性点直接　　图8－6　两相触电示意图
　　接地单相触电示意图

3.　跨步电压触电

如输电线断线，则电流经过接地体向大地作半环形流散，并在接地点周围地面产生一个相当大的电场，电场强度随离断线点距离的增加而减小，如图8－7所示。

距断线点1m范围内，约有60%的电压降；距断线点2～10m范围内，约有24%的电压降；距断线点11～20m范围内，约有8%的电压降。

218

图 8 - 7　跨步电压触电示意图

4. 雷电触电

雷电是自然界的一种放电现象,在本质上与一般电容器的放电现象相同,所不同的是作为雷电放电的两个极板大多是两块雷云,同时雷云之间的距离要比一般电容器极板间的距离大得多,通常可达数公里。因此可以说是一种特殊的"电容器"放电现象,如图 8 - 8 所示。

图 8 - 8　雷电触电示意图

除多数放电在雷云之间发生外,也有一小部分的放电发生在雷云和大地之间,即落地雷。就雷电对设备和人身的危害来说,主要危险来自落地雷。

落地雷具有很大的破坏性,其电压可高达数百万到数千万伏,雷电流可高至几十千安,少数可高达数百千安。雷电的放电时间较短,只有 50 ~ 100μs。雷电具有电流大、时间短、频率高、电压高的特点。

人体如直接遭受雷击,其后果不堪设想。但多数雷电伤害事故,是由于反击或雷电流引入大地后,在地面产生很高的冲击电流,使人体遭受冲击跨步电压或冲击接触电压而造成电击伤害的。

8.2.3 脱离电源的方法和措施

1. 触电者触及低压带电设备

（1）救护人员应设法迅速脱离电源，如拉开电源开关或刀开关或拔除电源插头等，如图8-9所示。或使用干燥的绝缘工具、干燥的木棒、木板等不导电材料解脱触电者。

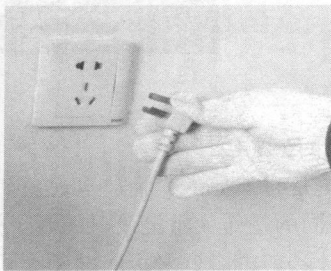

(a) 拉开刀开关　　　　　　　　(b) 拔除电源插头

图8-9　断开电源

（2）也可抓住触电者干燥而不贴身的衣服，将其拖开，如图8-10所示。

图8-10　站在木板上拉开触电者示意图

（3）戴绝缘手套或将手用干燥的衣物等包起绝缘后再解脱触电者。

（4）救护人站在绝缘垫上或干木板上，把自己绝缘后再进行救护。

（5）为使触电者与导电体解脱，最好用一只手进行。

（6）若电流通过触电者入地，并且触电者紧握电线，可设法用干木板塞到身下,与地绝缘,也可用干木把斧子或有绝缘柄的钳子等将电线剪断,剪断电线要分相,一根一根地剪断。

2. 触电发生在架空杆塔上

（1）如系低压带电线路,若可能立即切断线路电源的,应迅速切断电源,或由救护人员迅速登杆,用绝缘钳、干燥不导电物体将触电者拉离电源,如图 8 - 11 所示。

（2）如系高压带电线路又不可能迅速切断电源开关的,可采用抛挂临时金属短路线的方法,使电源开关跳闸。

（3）救护人使触电者脱离电源时,要注意防止高处坠落和再次触及其他线路。

图 8 - 11　用木棒挑开电源示意图

8.2.4　触电救护方法

1. 口对口(鼻)人工呼吸法步骤

1）通畅气道

触电者呼吸停止,重要的是确保气道通畅,如发现伤员口内有异物,可将其身体及头部同时偏转,并迅速用手指从口角处插入取出,如图 8 - 12(a)所示。

2）通畅气道

可采用仰头抬颏法,严禁用枕头或其他物品垫在伤员头下,如图 8 - 12(b)所示。

3）捏鼻掰嘴

救护人用一只手捏紧触电人的鼻孔(不要漏气),另一只手将触电人的

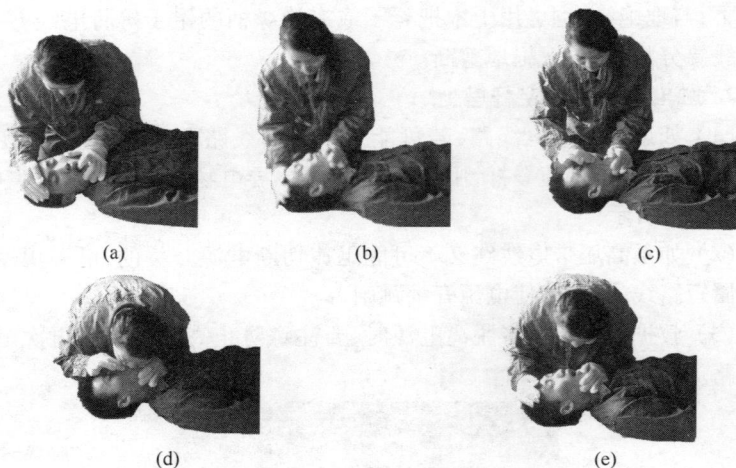

图 8 - 12　口对口(鼻)呼吸法示意图

下颏拉向前方,使嘴张开(嘴上可盖一块纱布或薄布),如图 8 - 12(c)所示。

4) 贴紧吹气

救护人作深呼吸后,紧贴触电人的嘴(不要漏气)吹气,先连续大口吹气两次,每次 1 ~ 1.5 s,如图 8 - 12(d)所示;如两次吸气后试测颈动脉仍无搏动,可判定心跳已经停止,要立即同时进行胸外按压。

5) 放松换气

救护人吹气完毕准备换气时,应立即离开触电人的嘴,并放松捏紧的鼻孔;除开始大口吹气两次外,正常口对(鼻)呼吸的吹气量不需过大,以免引起胃膨胀;吹气和放松时要注意伤员胸部应有起伏的呼吸动作。吹气时如有较大阻力,可能是头部后仰不够,应及时纠正,如图 8 - 12(e)所示。

6) 操作频率

按以上步骤连续不断地进行操作,每分钟约吹气 12 次,即每 5 s 吹一次气,吹气约 2 s,呼气约 3 s,如果触电人的牙关紧闭,不易撬开,可捏紧鼻,向鼻孔吹气。

2. 胸外心脏按压法步骤

1) 找准正确压点

(1) 右手的中指沿触电者的右侧肋弓下缘向上,找到肋骨和胸骨接合处的中点,如图 8 - 13(a)所示。

（2）两手指并齐,中指放在切迹中点（剑突底部）,食指平放在胸骨下部,如图8-13(b)所示。

（3）另一只手的掌根紧挨食指上缘置于胸骨上,即为正确的按压位置,如图8-13(c)所示。

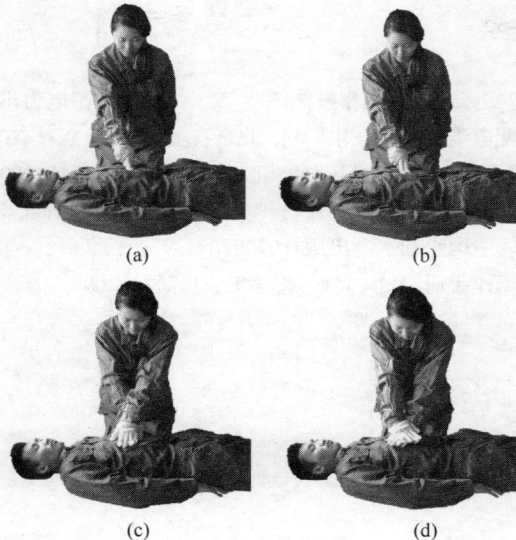

(a)   (b)

(c)   (d)

图8-13　胸部按压法示意图

2）正确的按压姿势

（1）使触电者仰面躺在平硬的地方,救护人员站立或跪在伤员一侧肩旁,两肩位于伤员胸骨正上方,两臂伸直,肘关节固定不屈,两手掌根相叠,手指翘起,不接触伤员胸壁,如图8-13(d)所示。

（2）以髋关节为支点,利用上身的重量,垂直将正常成人胸骨压陷3～5cm（儿童及瘦弱者酌减）。

（3）按压至要求程度后,立即全部放松,但放松时救护人的掌根不得离开胸壁。

（4）按压必须有效,其标志是按压过程中可以触及颈动脉搏动。

3）操作频率

胸外按压应以均匀速度进行,速度约80次/min,每次按压与放松时间需相等。

参 考 文 献

［1］武继茂,国智文. 农电工操作技能图解［M］. 北京:中国电力出版社,2009.

［2］乔长君. 变配电线路安装技术［M］. 北京:化学工业出版社,2010.

［3］严君国,张国全. 农电工入门［M］. 北京:中国电力出版社,2008.

［4］农村供电所农电工岗位轮训教材编写组. 农村供电所农电工岗位轮训教材［M］. 北京:中国水利水电出版社,2007.

［5］吴江. 电工工作手册［M］. 北京:化学工业出版社,2008.